Functional Food
Processing Technology

功能食品
加工技术

王　健　编著

U0231396

化学工业出版社
·北京·

功能食品加工技术是食品营养学与食品工艺学相关内容相互融合而成的一门新型科学。内容包括功能食品的概念、生产技术和发展现状；功能食品涉及的生物活性成分的种类、化学结构和生理功能；活性多糖及其加工技术；活性肽及其加工技术；功能性油脂及其加工技术；其他功能食品加工技术以及功能食品的质量控制等。

本书可供食品科学、营养学、生物医药、化工等学科的院校教师和学生作为教材使用，同时对相关领域的科研、生产企业从业人员也有重要的参考价值。

图书在版编目（CIP）数据

功能食品加工技术/王健编著 . —北京：化学工业
出版社，2016.2（2025.2重印）
ISBN 978-7-122-25859-5

Ⅰ.①功… Ⅱ.①王… Ⅲ.①疗效食品-食品加工
Ⅳ.①TS218

中国版本图书馆 CIP 数据核字（2015）第 299142 号

责任编辑：张 彦　　　　　　　　　　文字编辑：何 芳
责任校对：吴 静　　　　　　　　　　装帧设计：张 辉

出版发行：化学工业出版社（北京市东城区青年湖南街 13 号　邮政编码 100011）
印　　装：北京虎彩文化传播有限公司
710mm×1000mm　1/16　印张 9¼　字数 175 千字　2025 年 2 月北京第 1 版第 12 次印刷

购书咨询：010-64518888　　　　　　　　售后服务：010-64518899
网　　址：http://www.cip.com.cn
凡购买本书，如有缺损质量问题，本社销售中心负责调换。

定　　价：36.00 元

前　言

随着我国经济的发展，人民生活水平的提高和生活质量的改善，人们的自我保健意识不断增强，健康长寿已成为人们共同的追求。保健食品以其调节人体生理机能、增强机体防御力、预防疾病、促进健康、延年益寿等特殊的保健功能，备受中老年、妇女、少年和亚健康等特定人群的青睐，必将成为 21 世纪食品加工业发展的主流。但是目前我国功能食品工业与日本、美国等发达国家仍有一定的差距。我们编写本书的目的就是为了适应我国功能食品工业的发展和高等院校食品专业教育的需要。

本书共分为七章内容。第一章绪论，主要介绍功能食品的概念、发展现状和展望。第二章功能食品的生理活性成分，介绍了功能性碳水化合物、氨基酸和活性肽、功能性油脂等功能因子的化学结构和生理功能。第三章至第六章分别介绍了活性多糖、活性肽、功能油脂和其他功能食品的加工技术。第七章介绍了功能食品审批、质量管理和生产检验规范等。

通过本书的学习，可使学生和相关技术人员掌握功能性因子和功能食品生产的基本工艺流程、方法，熟悉功能食品管理法规；为将来在食品工业相关企业，能胜任功能食品开发、生产、检测、申报、市场推广和服务等工作，并为在工作实践中不断更新知识、不断提高产品开发能力打下基础。

本书在编写过程中，除了结合作者多年在功能食品方面的教学和科研实际外，还参考了大量的中外文书籍、文献资料以及最新的科研成果。

本书在编写过程中得到了兰凤英、崔培雪老师的大力支持和帮助，郭龙、纪春明、吕宏立、李秀梅、叶淑芳、张向东等做了资料搜集和文字校对工作，在此谨向所有关心本书编写的领导、老师及家人表示衷心的感谢。但由于我国功能食品的研究与开发仍处于初级阶段，加之作者的水平和时间有限，不妥之处敬请广大读者批评指正。

编　者
2015 年 12 月

目　录

第一章 绪 论

人类对食品的基本要求首先是吃饱，其次是吃好，当这两者都得以满足之后，就希望食品能够具有某些生理调节作用，促进人体的健康，这就是食品的第三个功能，而功能食品也就应运而生。我国有着悠久的"食疗养生"的传统，"药食同源"等观念也深入人心，因此功能食品在我国的发展有着良好的群众基础。随着人民生活水平的提高和生活质量的改善，营养、安全、健康已成为食品开发的主题，食物功能成分研究以及功能性食品的开发已成为 21 世纪食品工业发展的新引擎和主力军。

一、功能食品的概念及分类

食品的第一个功能就是"补给营养"，是人体生长发育和生理活动的热量来源；第二个功能是"感官享受"，感受食品给人体带来的味觉刺激和享受；第三个功能就是"调节生理活动"，食品中的某些活性成分可以改善人体的生理状况，促进健康的作用。普通食品只具有前两个功能，而包含以上所有三项功能的食品就是功能食品。

那功能食品的具体概念是什么呢？

各国对于功能食品的叫法略有差异，定义也不尽相同。1982 年日本厚生省的文件最早出现"功能食品"的名称，1989 年又将功能食品定义为"具有与生物防御、生物节律调整、防止疾病、恢复健康等有关的功能因素，经设计加工，对生物体有明显调整功能的食品。"其特点是：①由通常食品所使用的材料或成分加工而成。②以通常形态和方法摄取。③标有生物调整功能的标签。1991 年 7 月，日本厚生省将功能性食品名称改为"特定保健食品"（Food for Specified Health Use）。

欧美国家将保健食品称为健康食品（Health Foods）或营养食品（Nutritional Foods），德国则称之为改善食品（Reform Foods）。1982 年欧洲健康食品制造商联合会（EHPM）对健康食品作了规定：健康食品必须以保证和增进健康为宗旨，应尽可能以天然物为原料，必须在遵守健康食品的原则和保证质量的前提下进行生产。健康食品的范围如下。

① 含有充分的营养素。

② 补充膳食中缺少的营养素。

③ 特定需要的食品或滋补食品，最好含有特殊的营养物质。

④ 以增强体质或美容为目的的食品。

⑤ 以维持和增进健康为目的，以天然原料为基础的食品。

过去，我国有"疗效食品"、"保健食品"和"滋补食品"等多种提法，概念比较混乱，且均没有明确完整的定义。直到 1996 年 3 月 15 日，卫生部发布了《保健食品管理办法》，才对我国保健食品提出了一个明确的概念和四项基本要求。1997年 2 月 28 日由国家技术监督局批准，于当年 5 月 1 日实施的《中华人民共和国保健（功能）食品通用标准》（GB 16740—1997）进一步明确了保健（功能）食品的定义。该标准规定保健（功能）食品［health（functional）foods］是食品的一个种类，具有一般食品的共性，能调节人体的机能，适于特定人群食用，但不以治疗疾病为目的。应符合以下四项基本原则。

① 保健（功能）食品应保证对人体不产生任何急性、亚急性或慢性危害。

② 保健（功能）食品应通过科学实验（功效成分定性、定量分析；动物或人群功能试验），证实确有有效的功效成分和有明显、稳定的调节人体机能的作用；或通过动物（人群）试验，确有明显、稳定的调节人体机能的作用。

③ 保健（功能）食品的配方、生产工艺应有科学依据。

④ 生产保健（功能）食品的企业，应符合 GB 14881—1994 的规定；并应逐步健全质量保证体系。

二、功能食品的基本特征及作用

（一）功能食品的特征

尽管世界各国对功能食品的定义和范围不尽相同，但是基本看法是一致的，即它是不同于一般食品又有别于药品的一类特殊食品。它们大都具有普通食品的属性（营养、感官、安全），还具有调节机体功能的保健作用。与药品相比，保健食品不宣传、不追求临床疗效，对人体不产生毒副作用。

按照我国目前对功能食品的相关规定和标准要求，可将其特征归纳为以下几点。

① 所选用的原料和辅料及其农药、兽药和生物素的残留限量应符合相应的国家标准或行业标准的规定。

② 产品的配方设计和生产工艺科学合理。原料中所含有的或所添加的功能因子应明确其化学结构和特性，在加工、储藏和运输过程中具有良好的稳定性。

③ 产品至少用具有调节人体机能作用的某一种功能，并通过符合标准、规定要求的科学试验，证实确有有效的功能因子和具有明显、稳定的调节人体机能的

作用。

④ 产品中所含有的功能因子应达到可靠的有效含量。此外，还应含有类属食品（相应的普通食品）应有的营养素。

⑤ 产品在外观和感官特性上应具有类属食品的基本特征（组织状态、口感和滋味、气味），能为消费者所接受。

⑥ 产品应具有良好的食用安全性，保证对人体不产生任何急性、恶性或慢性危害。

⑦ 产品应标明适合食用的人群和合理的摄入量。

⑧ 产品必须通过卫计委国家食品药品监督管理总局批准。

（二）功能食品的作用和分类

1. 功能食品的作用

功能食品除了具有普通食品的营养和感官享受两大功能外，还具有调节生理活动的第三大功能，它主要具有以下作用：①免疫调节；②延缓衰老；③改善记忆；④促进生长发育；⑤抗疲劳；⑥减肥；⑦耐缺氧；⑧抗辐射；⑨抗突变；⑩调节血脂；⑪调节血糖；⑫改善胃肠功能（促进消化吸收、改善肠道菌群、润肠通便、保护胃黏膜）；⑬改善睡眠；⑭改善营养性贫血；⑮对化学肝损伤有保护作用；⑯促进泌乳；⑰美容（祛痤疮、祛斑）；⑱改善视力；⑲促进排铅；⑳清咽润喉；㉑调节血压；㉒改善骨质疏松（增加骨密度）。

2. 功能食品的分类

功能食品的原料和功能因子多种多样，因此对人体的生理调节作用也不尽相同，此外产品的生产工艺、产品形态及消费人群等都各不相同，所以对于功能食品的分类至今尚未有一个公认的方法。以往分类方法主要有以下几种。

（1）按调节功能划分　可分为增强免疫力食品、辅助降血脂食品、辅助降血糖食品、抗氧化食品等共 27 种。

（2）按所选用的原料划分　宏观上可分为植物类、动物类、微生物（益生菌）类。目前可选用的原料种类主要包括在卫计委先后公布的"既是食品又是药品"名录和 114 种"允许在保健食品添加的物品名单"以及"益生菌保健食品用菌名单"。

（3）按功能性因子种类划分　可分为多糖类、功能性调味料（剂）类、功能性油脂、自由基清除剂类、维生素类、肽与蛋白质类、益生菌类、微量元素类以及其他类功能性食品。

（4）按产品形态划分　可分为蜜膏、露剂、软胶囊、散剂、鲜汁、硬胶囊、片剂、茶饮、口服液、酒剂、颗粒剂 11 种剂型。

目前，我国较多的学者根据保健食品的功能和消费对象，将其分为以下两大类。

（1）日常功能食品　它是以健康人为消费对象，根据各种不同的健康消费群（如婴儿、学生和老年人等）的生理特点和营养需求而设计的，旨在促进生长发育、维持活力和精力，强调其成分能够充分显示身体防御功能和调节生理节律的工业化食品。它分为婴儿日常功能食品、学生日常功能食品和老年人日常功能食品等。

① 婴儿日常功能性食品：应该完美地符合婴儿迅速生长对各种营养素和微量活性物质的要求，促进婴儿健康生长。

② 学生日常功能性食品：应该能够促进学生的智力发育，促进大脑以旺盛的精力应付紧张的学习和生活。

③ 老年人日常功能性食品：应该满足以下要求，即足够的蛋白质、足够的膳食纤维、足够的维生素和足够的矿物元素，低糖、低脂肪、低胆固醇和低钠。

（2）特种功能食品　它是供健康异常人服用，强调食品在预防疾病和促进康复方面的调节功能，以解决所面临的"饮食与健康"问题。如减肥功能食品、降血糖功能食品、抗肿瘤功能食品和美容功能食品等。

三、功能食品的生产技术

功能食品是对人体具有特定生理调节功能的食品，其生产技术的核心环节就是制备有特定保健作用的功能因子，并在食品加工过程中最大限度地保证功能因子的活性。传统的食品工艺手段往往难以满足功能食品生产的特殊需求。随着科学技术水平的不断发展和各学科的交叉融合，越来越多的高新技术在功能食品的生产中得以应用。

1. 生物工程技术

生物工程技术包括基因工程、细胞工程、酶工程、发酵工程等。利用这些技术可以生产膳食纤维、活性多糖、功能性低聚糖、糖醇、活性肽及氨基酸、功能性油脂、核苷酸、糖苷、微量活性元素、乳酸菌等。如用固定化 β-半乳糖苷酶的生物反应器处理牛乳，可使牛乳中的乳糖水解为半乳糖和葡萄糖，制成无乳糖牛乳以供乳糖不耐症患者食用。利用巴氏醋酸菌、木醋杆菌等微生物发酵法生产细菌纤维素，其具有很好的持水性、黏稠性、稳定性及生物可降解性，是良好的功能食品素材。

2. 微胶囊技术

微胶囊技术是当今世界上的一种新颖而又迅速发展的高新技术，是指利用天然或合成的高分子包囊材料，将固体、液体或气体的微小囊核物质包覆形成直径为 $1\sim5000\mu m$ 的一种具有半透明或密封囊膜的微型胶囊技术。微胶囊技术可以改变被包裹食品的性质，如溶解性、反应性、耐热性和储藏性等；还可以有效减少物料与外界不良因素的接触，最大限度地保持其原有的营养物质、色香味和生物活性，且有缓释功能；可以使不易加工储存的气体或液体转化成稳定的固体形式，防止或延缓产品劣变发生。微胶囊技术主要用于果味乳粉、姜汁乳粉、可乐乳粉、啤酒乳粉、粉末乳酒、补血乳粉、膨体乳制品等的生产，可促进干酪早熟、保护免疫球蛋白等。

3. 超临界流体萃取技术

超临界流体萃取是利用介质在超临界区域兼具有气、液两性的特点而实现溶质溶解并分离的一项新型的食品分离技术。超临界流体萃取一般采用 CO_2 作为萃取剂，具有温度低、选择性好、提取效率高、无溶剂残留、安全和节约能源等特点。它在食品工业中的应用主要集中在以下三个方面：①提取风味物质，如香辛料、呈味物质等。②食品中某些特定成分提取或脱除，如从可可豆、咖啡豆和向日葵中提取油脂，从鱼油和肝油中提取高营养和有药物价值的不饱和脂肪酸，从乳脂中脱除胆固醇等。③提取色素，脱除异味，如提取辣椒色素，从猪油中脱除雄酮和三甲基吲哚等致臭成分。

4. 膜分离技术

膜分离技术是一种在常温下以半透膜两侧的压力差或电位差为动力对溶质和溶剂进行分离、浓缩、纯化等的操作过程。该技术是分离领域中公认有效而又经济的一种分离手段，它包括微滤（MF）、超滤（UF）、反渗透（RO）、纳滤（NF）、电渗析（ED）、气体渗透（GP）和液膜分离技术等。膜分离技术具有以下特点：分离过程不发生相变，减少了能耗；操作在常温下进行，适用于热敏性物质的分离；在闭合回路中运转，减少了与氧的接触。目前，膜分离技术主要应用于有效成分的分离、浓缩、精制和除菌等。例如微滤可用于功能因子提取液的过滤，保健饮料及营养液的除菌；超滤可用于提取液中低分子成分与高分子成分的分离及物性修饰；反渗透可用于提取液中功能性因子及液状食品的低温节能浓缩；电渗析可用于液状食品的脱盐，如低盐酱油及婴儿乳粉（配方乳粉）的制造；采用电渗析脱盐、超滤除菌、反渗透浓缩法从海带浸泡液中提取甘露醇；液膜分离可用于提取液中微量元素及氨基酸的分离。

5. 分子蒸馏技术

分子蒸馏是一种特殊的液-液分离技术，它不同于传统蒸馏依靠沸点差分离原理，而是靠不同物质分子运动平均自由程的差别实现分离。该技术具有以下特点：操作温度低（远低于沸点）、真空度高（空载≤1Pa）、受热时间短（以秒计）、分离效率高等，特别适宜于高沸点、热敏性、易氧化物质的分离；可有效地脱除低分子物质（脱臭）、重分子物质（脱色）及脱除混合物中杂质；分离过程为物理分离过程，可很好地保护被分离物质不被污染，特别是可保持天然提取物的原来品质；分离程度高，高于传统蒸馏及普通的薄膜蒸发器。采用该技术可以从油中分离维生素 A 和维生素 E。该技术也可用于热敏性物料的浓缩和提取，如用于处理蜂蜜、果汁和各种糖液等。

6. 色谱分离技术

色谱分离技术亦称层析分离技术，是一种分离复杂混合物中各个组分的有效方法。它是利用不同物质在由固定相和流动相构成的体系中具有不同的分配系数，当两相作相对运动时，这些物质随流动相一起运动，并在两相间进行反复多次分配，从而使各成分达到分离。与其他分离纯化方法相比，色谱分离具有如下特点：分离效率高，是所有分离纯化技术中效率最高的；应用范围广，从极性到非极性、离子型到非离子型、小分子到大分子、无机到有机及生物活性物质，以及热稳定到热不稳定的化合物，都可用色谱法分离；选择性强，色谱分离可变参数之多也是其他分离技术无法相比的，因而具有很强的选择性；设备简单，操作方便，且不含强烈的操作条件，因而不易使物质变性，特别适用于稳定的大分子有机化合物。

该技术常用于功能性成分的分离精制。例如从茶叶中提取茶多酚时可采用色谱法分离除去咖啡因及其他不纯物；从芝麻粕提取液中分离提取木聚糖；从蔗糖的酶处理液中分离精制低聚果糖；从磷虾酶解残渣抽提液中分离提取虾黄素、卵磷脂等。

7. 挤压膨化技术

挤压膨化技术是按照预先设计的目标将调配均匀的食品原料通过螺旋挤压机完成输送、混合、加热、质构重组、熟制、杀菌、成型等多种加工单元，从而取代传统食品加工方法。物料在挤压机内受到强烈挤压、剪切和摩擦作用，使温度和压力渐渐增大，当这些物料在机械作用下通过一个专门设计的模具时，压力骤降而发生喷爆，使之形成多孔海绵状态。挤压膨化技术自 20 世纪问世以来，在食品工业中得到广泛应用。它具有产品种类多、生产能力大、成本低、产品形状多样、卫生、营养损失小、消化吸收率高、无废弃物、可实现生产全过程的自动化和连续化操作等特点，是膨化食品加工技术发展的一个方向。现在，国内外食品行业中多采用同向旋转的双螺杆挤压机。我国在挤压技术方面，已研究开发出适应高蛋白、高油脂、高水分的挤压加工机械，产品覆盖早餐谷物食品、组织化食品、速溶食品、糖果和巧克力等。

8. 超高压加工技术

食品的高压处理技术是将食品及食品原料包装后密封于超高压容器中，以水或其他流体介质作为传递压力的媒介物，在静高压（100~1000MPa）和一定的温度下加工适当的时间，引起食品成分非共价键（氢键、离子键、疏水作用）的破坏或形成，使食品中的酶、蛋白质和淀粉等生物高分子物质失去活性、变性或糊化，同时杀死微生物，从而达到食品的灭菌、保藏、加工的目的。采用超高压技术对食品和保健品进行处理，既能达到杀菌保鲜的目的，又有助于功能成分的提取与分离，还可有效保留食品及保健品中的风味和营养、功能成分。

经超高压技术处理的功能食品，能较好地保持其功能因子的活性和产品的原有风味。如超高压对果蔬汁中的维生素 A、B 族维生素、维生素 E 等都具有较好的保护作用。研究表明，果蔬中的维生素 C、维生素 A、维生素 B_1、维生素 B_2、维生素 E 和叶酸不受压力的影响。经超高压处理的草莓酱，能保留 95％的维生素 C，是热力加工草莓酱的 1.7 倍。用 $200\sim500MPa$ 超高压力处理的鲜榨橙汁，其维生素 C、维生素 B_6、维生素 B_1、维生素 B_2、烟酸和果糖、葡萄糖、蔗糖的含量在实验压力水平上无显著差异。超高压加工后的果汁中保持了 90％以上的维生素 C，经 $200\sim500MPa$ 处理的河套蜜瓜汁、西瓜汁、橙汁、黄瓜汁、草莓汁的维生素 C 的平均保留率达到 95％以上。

此外，超高压在保健品有效成分的提取分离方面也有重要的作用，通过与煎煮法、回流提取法、超声提取法、超临界 CO_2 提取人参总皂苷等方法做比较，结果表明，采取常温超高压提取工艺，具有提取温度低（常温）、提取时间短、提取得率高、能耗低、绿色环保等优点，为其他天然产物有效成分的提取提供了一种新技术。

9. 超微粉碎技术

超微粉碎是近 20 年迅速发展起来的一项高新技术，已经在各行业得到广泛应用。超微粉碎是利用特殊的粉碎设备，对物料进行冲击、碰撞、研磨、分散等加工，将粒径为 3mm 以上的物料粉碎至粒径为 $10\sim25\mu m$ 或以下的微细颗粒，是一种食品精细加工过程。超微粉碎的形式很多，随着物质粒度的超微化，其表面分子排列、电子分布结构及晶体结构均发生了变化，产生普通粒度的物料所不具备的表面效应、小尺寸效应、量子效应和宏观量子隧道效应，产生一系列优异的物理、化学、界面性质，从而对食品带来两方面作用：一方面可以提高食品的口感，且有利于营养物质的吸收；另一方面可以使原来不能充分吸收或利用的原料被重新利用。

我国学者已利用超微粉碎技术研发出了一系列具有保健功能的食品，李卫平以鲜畜骨和优质大豆为主要原料，开发出一种营养配比均衡合理，易于人体吸收，可补钙壮骨、防病性强的营养保健食品。高章林和耿协义开发出的超微茶粉，可全部保留茶叶有效成分及风味，茶叶内的营养成分、微量元素几乎全部被人体摄入利用。范玉琳等运用超细粉碎开发了一种速溶鹿角盘晶，使原本质地坚硬、无法被人体吸收的有机营养成分通过水溶即可被吸收。

10. 超声技术

超声技术是利用超声波来加速物质间的化学反应，启动新的反应途径或改善其溶解、结晶、分配等物化性能，以提高化学反应产率，获得新的化学反应物质或提高物质的分离、提取效率。超声波在保健食品中的应用主要体现在以下几方面。

（1）超声波辅助提取天然活性成分　超声波在传播过程中，产生的热效应、机械作用和空化效应使传播介质（提取溶剂）易于渗入溶质内部，能够缩短提取时间，提高有效成分的提取率。超声技术应用于提取植物中的生物碱、苷类、生物活性物质等研究已有报道，表明其具有能耗低、效率高、不破坏有效成分的特点。

（2）超声波干燥　由于传统干燥技术需要采用高温，容易使食品变形、老化、风味丧失，使保健食品和功能食品的有效成分损失。超声干燥技术解决了上述难题。其通过超声本身所具有的空化作用、机械效应、热效应等影响物料本身的结构，降低水分转移阻力，有效去除结合水，从而加速水分的去除，降低水含量，干燥食品。

（3）超声波结晶　超声波能够强化晶体生长，加速起晶过程。与其他刺激起晶法和投晶种法相比，超声起晶所要求的过饱合度较低，晶体生长速度快，所得晶体均匀、完整，成品晶体尺寸分布范围小。在功能食品行业中为了得到细小而且均匀的颗粒，已将超声用于生产口服液。超声强化结晶也是改变许多食品特性的有效工具，如膳食脂肪、巧克力、冰淇淋的特性修饰等。此外，超声结晶技术还可以用于控制速冻食品冰晶的形成。

此外，超声波技术还用于超声波灭菌、超声波乳化和均质、超声波干燥等，在食品行业中均已广泛应用。

四、功能食品的发展现状及展望

纵观各国功能食品的发展历程，大体经历了三个阶段，也可称为三代产品。

（一）功能食品发展的三个阶段

1. 第一代产品（强化食品）

第一代产品主要包括各类强化食品。它是根据各类人群的营养需要，有针对性地将营养素添加到食品中去。这类食品仅根据食品中的各类营养素和其他有效成分的功能来推断整个产品的功能，而这些功能并没有经过科学的验证。目前，欧美各国已将这类产品列入普通食品来管理，我国在《保健食品管理办法》和《保健（功能）食品通用标准》实施后，只将其作为暂时按保健食品来管理的一类食品。这类食品如鳖精、蜂产品、乌骨鸡、螺旋藻等。

2. 第二代产品（初级产品）

第二代产品要求经过人体及动物试验，证实该产品中某些营养素或强化的营养素具有某种生理调节功能，即美国、日本等国强调的真实性与科学性。我国卫计委审查批准的功能食品中大部分属于这一代产品。这类产品如太太口服液、脑黄金、脑白金等。

3. 第三代产品（高级产品）

第三代产品不仅需要经过人体及动物试验证明该产品具有某种生理功能，而且需要明确具有该项功能的功效成分以及该成分的结构、含量、作用机理，并且保证该功能成分在功能食品的生产和储运过程中具有良好的稳定性。该类产品如鱼油、大豆异黄酮、辅酶 Q10 等。目前，欧美、日本等国都在大力发展这一代功能食品，我国自主研发的该类产品还不多见，功效成分多数是从国外引进，缺乏相应的系统研究，这就为我国功能食品的研发和生产提出了新的发展方向，这一观点也得到了政府相关部门、学术界和企业的一致认同。

（二）我国功能食品的发展现状

我国功能食品的发展大致分为以下四个阶段。

1. 高速发展期

20 世纪 80 年代末至 90 年代中期。由于功能食品的高额利润和相对较低的政策壁垒和技术壁垒，功能食品行业出现第一个高速发展时期。这一阶段的功能食品多数为第一代产品。在该阶段中，又划分为三个时期。①1980～1985 年，业内把这一阶段视为中国功能食品行业形成的初步阶段。产品主要以蜂王浆、维生素和各种口服液为主。1984 年上市的功能食品已达 1000 种左右，生产企业 100 多家，年销售额 16 亿元，功能食品行业初具规模。保健食品协会于 1984 年成立。②1986～1990 年，由于市场需求带动，功能食品推出种类繁多的新型产品。以太阳神、娃哈哈为代表的新一代功能食品，功能结构有所改进，除传统的滋补类型产品外，开始出现调节免疫、抗疲劳、减肥、降血脂等功能产品。③1991～1994 年，功能食品行业进入第一次高速发展阶段，出现了如"红桃 K"、"三株"、"飞龙"、"脑黄金"等知名企业和品牌，生产企业增至 3000 多家，年产值猛增至 300 亿元，保健食品行业取得突破性进展。

2. 产业链形成期

1995～2002 年为功能食品行业产业链形成阶段。1995 年 10 月 30 日，《中华人民共和国食品卫生法》公布，首次确立了功能食品的法律地位。1996 年 6 月 1 日，《保健食品管理办法》正式实施，对保健（功能）食品的定义、审批、生产、经营、标签、说明书及广告宣传、监督管理等做出了具体规范要。1996 年 7 月卫生部又发布了《保健食品评审技术规程》和《保健食品功能学评价程序和方法》，功能食品的评审工作走向科学、规范。《保健食品管理办法》的实施结束了功能食品准入无法可依的混乱局面。随着政府监管的加强，中草药、生物制剂及营养补充剂的加入，功能食品在 21 世纪初又进入新一轮复兴阶段，市场销售额超过了 500 亿元，创历史新高。

3. 产业结构调整期

2003～2008 年，针对功能食品市场的炒作营销和把功能食品等同于药品销售的问题，对功能食品产业结构进行了深度调整。2003 年 6 月 13 日，卫生部停止受理功能食品审批，10 月起由国家食品药品监督管理总局（SFDA）正式受理。2005年 4 月 30 日，SFDA 公布新的《保健食品注册管理办法（试行）》，自 7 月 1 日施行。我国功能食品产业进入一个新的发展时期，并面临更大的挑战。

4. 有序发展期

2009 年至今，功能食品行业进入有序发展的新时期。新医改方案把预防和控制疾病放在了首位，充分表明"治未病"的重要性，政府加大了公共财政和人力资源的投入。据《2013 年中国保健食品行业研究报告》分析，截止到 2012 年，我国保健食品行业销售规模达到 1100 亿元，同比增长 4.8%。在国家发改委、工信部联合印发的《食品工业"十二五"发展规划》中，"营养与保健食品制造业"首次被列为重点发展行业。规划指出，到 2015 年中国营养与保健食品产业将保持年均20% 的增长速度，并形成 10 家以上产品销售收入在 100 亿元以上的企业。

（三）我国功能食品产业发展中存在的问题

1. 生产经营方面的问题

（1）诚信经营理念缺失，职业道德意识淡薄　功能食品行业一直被业内人士看作朝阳产业，但近年来食品安全事件的频发态势，也说明了目前存在的最大问题就是诚信危机。一些企业由于粗制滥造、夸大宣传和违规营销，一次次地被政府通报和媒体曝光，严重阻碍了功能食品行业的健康发展。主要体现在以下几个方面。

① 非法添加违禁物质，安全问题突出：个别企业由于利益因素的驱使，为突出其产品的某项功能效果，擅自在功能食品中添加违禁化学成分。如在降血糖功能食品中，非法添加格列苯脲、格列齐特等，在减肥类产品中非法添加芬氟拉明、西布曲明等，在促进生长发育类产品中非法添加生长激素等。这些违禁化学物质极大地威胁着消费者的身体健康。

② 与药品混淆经营，夸大产品功效：功能食品生产经营企业常常利用电视、广播、网络等媒体，或擅自增加保健功能种类、扩大人群适用范围、变更食用方法和食用量等；或大肆夸大产品功效，频繁使用"祖传秘方"、"疗效"、"速效"等概念炒作，以假冒的某某专家为其产品代言，宣称具有预防和治疗疾病的作用，模糊了功能食品和药品的区别，夸大了功能食品的生理调节作用，误导了消费者的购买行为。

③ 过于重视营销手段，竞争模式欠合理：过分依赖产品的广告宣传，忽视了新产品的研发和产品的内在质量，且广告宣传大多言过其实，利用网络热点或概念炒作吸引消费者的眼球，这种恶性的营销竞争模式虽然在短时期内会获取一定的经

济效益，但长远来说，对企业品牌的树立和发展极为不利，致使功能食品行业在消费者心中出现严重的信誉危机。

（2）产品结构不合理，产品的市场竞争力较差　目前我国生产的功能食品90％以上属于第一代或第二代产品，且产品涉及的功能相对集中，主要集中在免疫调节、抗疲劳、调节血脂、改善骨质疏松、改善胃肠道功能、延缓衰老、营养补充（维生素、矿物质等）等功能上。在卫计委准予申报的22项保健功能中，具有免疫调节、调节血脂和抗疲劳3项功能的产品占全部产品的2/3。

由以上产品结构分布可见，中国功能食品行业产品结构不尽合理，低水平重复现象严重，这与现行的报批制度有一定关系。目前经审批生产的功能食品种类繁多，但在市场上能畅销不衰的产品数量较少。目前有几十家国际知名跨国公司在我国投资建厂，进入我国市场，并逐渐扩大了其市场地位和影响，使国内企业在我国功能食品市场竞争中处于劣势。

2. 监督管理方面的问题

（1）法律法规不完善　2009年实施《中华人民共和国食品安全法》的同时废止了《中华人民共和国食品卫生法》，功能食品监管实质上失去了直接的法律约束，严厉打击违法生产销售行为缺少法律依据。由于《食品安全法》及其实施条例只是明确了食品药品监督管理部门对保健食品实施严格监管，对保健食品品种管理、生产流通环节的监管没有明确规定，《保健食品监督管理条例》尚未出台，保健食品监管缺乏法律依据，这些都影响了保健食品生产经营和监管工作的开展。

（2）监管体系不健全　监管过程中存在多头管理的局面，各部门之间缺乏沟通与信息交流，未能建立起从行政许可到市场监督一体化的监管体系；审评制度不够完善；缺乏退出机制，只批不收；重形式许可，轻监管效果。

（3）政策扶持较少　功能食品行业与国外和国内其他行业相比，得到的政策支持较少，处于劣势境地。国家对不同类型的国有企业有一系列的扶持政策，涉及税收、土地、信贷以及各部委、地方的有关配套支持资金等。而国内功能食品领域多为民营企业，基本上享受不到这些优惠的政策，处于不平等的竞争地位。

3. 科技研发方面的问题

（1）科技投入不足　目前保健食品企业普遍存在产品科技含量较低、配方陈旧、缺乏市场竞争力的现象。主要是由于保健食品企业目前多停留在比拼市场营销能力的阶段，企业追求一时的高额利润，大多重视广告投入，轻视科技研发，保健食品应该是高科技产品，但科技研发投入远低于广告投入，这可谓是本末倒置，科技投入少，特别是应用技术基础性研究投入不足，对通过研发投入提升产品普遍重视不足等状况与政府所倡导的提升自主创新能力差距巨大。除了规模较大的企业外，大多数企业的研发资金投入较少，行业中缺少科技含量较高的产品。

（2）产学研结合力度不够　我国的功能食品企业中除部分企业采用生物工程等技术提取有效成分并制成功能食品，其他大多数企业采购提取后的原料经过复配制成功能食品，而且缺乏对药食同源类原料作用机理的深入研究，只是简单将传统理论作为组方依据，这就严重地影响了我国功能食品的科技创新含量。

科研院所对保健食品中功效成分提取以及作用机理等方面研究较为深入和系统，但是缺乏对市场的了解，甚至与市场脱节，导致科研院所不了解市场上缺乏的产品以及消费者需求的产品，研究方向与市场相悖，部分高新技术在使用上也存在不合理的地方，不能被企业应用于大规模生产。由于企业与高校科研院所之间并没有一个有效的平台进行沟通，没有很好地整合现有资源，科研成果转化为生产力速度较慢，由此导致科研院所与生产加工企业在研究深度方向和速度上产生了差异。

（3）高水平专业技术人员缺乏　功能食品行业是一个高科技行业，必然需要大量高水平的专业技术人才。从我国各功能食品企业看，除了规模较大的企业有一定数量的研发人员外，不少企业没有自己的研发人员，根本做不到生产一批、储备一批、研发一批，更不可能研发有自主知识产权的高新产品。要加快保健食品产业发展，搞好专业技术人才队伍建设是重中之重的大事，有了人才的保证，才能把产品的研发、工艺的规范、评价方法的确定、企业标准的科学规范等技术问题解决好，促进产业发展。

4. 消费观念方面的问题

目前，消费者对于功能食品缺乏清晰明确的认识，不了解功能食品是以调节机体功能为主要目的，而不是以治疗为目的的食品。主要是因为大部分消费者不能从类别上区分功能食品与部分非处方药。消费者对于功能食品的标志不了解，对于部分产品的功效只是略知，有部分消费者认为功能食品多吃无害，还有一部分消费者认为现在营养已经过剩，不需要额外摄取营养成分。部分相关的人员对营养健康知识了解不够，不能及时解答消费者的某些疑问，影响了对健康保健知识的宣传工作。

（四）我国功能食品产业发展的趋势和策略

1. 科技创新是功能食品产业发展的核心动力

未来功能食品竞争的核心必将是科技含量，只有企业不断更新技术和提高技术含量，开发出效果好、质量高、有特点的新一代功能食品，才能使产品从低层次的价格战、广告战中走出来，转向高层次的技术战、服务战。首先要加大对功能食品科技的创新和投入，这是增强我国功能食品产业核心竞争力的前提。研发资金的投入一方面来自于企业自身投资，另一方面政府也要加大相应的资金支持力度。如已实施的"十一五"国家科技支撑计划"功能性食品的研制和开发"、"治未病和亚健康中医干预研究"重点项目等。其次，功能食品行业将向天然、安全、有效的方向发展，新资源、高技术、方便剂型的功能食品将成为主流。加强对功能食品有效成分的研究，发挥我国功能食品资源优势，开发具有自主知识产权的第三代功能食品成为了我国功能食品研发人员的迫切任务。最后，大专院校要加大相关专业高级技术人员的培养规模，企业自身要建立完善的员工培训学习制度，培育一支专业基础知识扎实、人才结构合理稳定的科研队伍，为功能食品的研发提供良好的人才储备。

2. 政府完善法律法规制度，建立和谐高效的监管体系

要尽快确立功能食品产业统一的归口管理部门，彻底克服目前政出多门的弊端，统管各类功能食品的科研、开发、生产、销售、审批等。强化统一的技术标准、生产标准、检测标准，使功能食品的研究开发和生产做到有章可循。

3. 引导消费者合理消费，维护自身合法权益

建立起足以赢得消费者信赖的品牌，是功能食品企业的发展之路。重塑诚信可靠的广告形象对于功能食品的发展尤为重要。功能食品广告应朝着引导消费者树立正确的保健意识和健康观念的方向发展，不可在宣传中制造概念，肆意炒作，误导消费者。消费者自身也应通过各种渠道掌握科学正确的养生保健知识，为辨识真伪及选择需要的功能食品。

此外，可给予消费者一定的监督权利与工作平台，共同监督功能食品市场。如在消费者协会中成立"保健品消费者管协会"，专门从事功能食品产业的监管工作。协会可以开设热线，专门接受群众投诉；可以在报纸等媒体开设专栏进行"保健品消费者监管协会"将违规企业进行及时曝光，加大监管的处理力度；可以定期组织热心关注功能食品品企业的消费者进行企业参观检查，加大定期跟踪监管功能食品营销的力度等有效措施。

第二章 功能食品的生理活性成分

第一节 功能性碳水化合物

功能性碳水化合物是一类具有特殊功效的碳水化合物，主要包括功能性低聚糖、功能性膳食纤维和功能性糖醇。由于功能性碳水化合物具有一些特殊的生理功能，使得其在食品中可以作为一种功能性配料添加，也可以作为食品中蔗糖的替代原料，降低食品中糖对特殊人群的影响。

一、活性多糖

多糖是由糖苷键连接起来的醛糖或酮糖组成的天然大分子。多糖是所有生命有机体的重要组成成分，并与维持生命所必需的多种功能有关，大量存在于藻类、真菌、高等陆生植物中。具有生物学功能的多糖又被称为"生物应答效应物"（biological response modifier，BRM）或活性多糖（active polysaccharides）。很多多糖都具有抗肿瘤、免疫、抗补体、降血脂、降血糖、通便等活性。按活性多糖的来源可将其分为植物多糖、微生物多糖等，微生物多糖还可进一步分为真菌多糖和细菌多糖。具体内容将在本书第三章进行详细介绍，这里不再赘述。

二、功能性低聚糖

（一）功能性低聚糖的定义和分类

功能性低聚糖（functional oligosaccharides）或称功能性寡糖，是指具有特殊的生理学功能，不被人和动物肠道分泌的消化酶消化，并可促进双歧杆菌的增殖，有益于人和动物健康的一类低聚糖。功能性低聚糖一般是由2～10个单糖通过糖苷键连接形成直链或支链的低聚合度糖，是一类双歧因子或益生元型的物质，被称为化学益生素。

现在研究认为功能性低聚糖包括水苏糖、棉籽糖、乳果糖、乳酮糖、异麦芽酮糖、低聚木糖、低聚果糖、低聚半乳糖、低聚麦芽糖、低聚异麦芽糖、低聚异麦芽酮糖、大豆低聚糖、几丁寡糖、甘露寡糖、半乳甘露寡糖、低聚龙胆糖、耦合糖等。

（二） 功能性低聚糖的生理功能

1. 促进双歧杆菌生长，调节肠道菌群

功能性低聚糖对肠道菌群的调节作用主要是促进双歧杆菌生长而使肠道健康、抑制有害菌生长。对双歧杆菌增殖的机制在于它不只是充当碳源或营养物质，而且还可能参与了双歧杆菌的生长调节和黏附作用。有研究表明，婴儿食物中添加酸性果胶和中性低聚糖，可以使其肠道中双歧杆菌和乳酸杆菌的数量显著增加，改善肠道菌群。这种食物诱导人类大肠中双歧杆菌和乳酸菌在数量或活性方面优势增加的现象被称为益生作用（probiotic effect）。

双歧杆菌发酵低聚糖产生短链脂肪酸及一些抗生素物质，从而抑制外源致病菌和肠内固有腐败细菌的生长繁殖，刺激肠道蠕动；同时功能性低聚糖作为一种膳食纤维能刺激肠道蠕动、增加粪便湿润度并保持一定渗透压，从而防止便秘的产生。

2. 促进营养物质的消化吸收

Wang等研究表明，以小鼠为实验模型，饲料中添加2.5g/kg的低聚果糖可以增加盲肠内短链脂肪酸、醋酸盐、丙酸盐和丁酸盐的含量，提高钙、镁和铁的表观消化率，促进小鼠这些矿物质元素的消化和吸收。此外，双歧杆菌在肠道内能合成多种B族维生素、烟酸、叶酸以及某些人体必需氨基酸，有重要的营养作用。

3. 预防龋齿，有利于保持口腔卫生

龋齿是由于口腔微生物特别是突变链球菌侵蚀而引起的，功能性低聚糖不被口腔微生物发酵利用，因此不会引起牙齿龋变。

4. 降低血清甘油三酯和血清胆固醇含量

目前对降血脂功能的研究集中在中性低聚糖，主要有低聚果糖、低聚木糖、低聚异麦芽糖、大豆低聚糖等。研究表明，低聚糖可显著降低血液透析患者甘油三酯和总胆固醇含量，并且可以增加高密度脂蛋白胆固醇的含量，对改善心脑血管疾病具有重要意义。

（三） 功能性低聚糖的制备

1. 低聚木糖的制备

目前，低聚木糖的制备方法主要有酸水解法、热水浸提法、蒸汽爆破法、微波降解法和酶水解法。酶水解法充分利用木聚糖酶反应条件温和、效率高及特异性好的特点高效制备低聚木糖，成为当前最主要的制备方法。通过酶解制备低聚木糖一般采取"纤维质材料中木聚糖分离→木聚糖水解"的两段式制备方法。木聚糖酶是关键因素，不同来源的木聚糖酶其水解产物也不尽相同。

2. 低聚半乳糖的制备

在低聚半乳糖的制备中，主要以高浓度乳糖或乳清为原料，采用微生物来源的

β-半乳糖苷酶进行催化。β-半乳糖苷酶除能将乳糖水解为半乳糖和葡萄糖外，还能通过转半乳糖苷合成低聚半乳糖。

3. 低聚果糖的制备

可以通过蔗糖或菊粉为底物制备低聚果糖。以蔗糖为底物制备低聚果糖主要使用 β-D-果糖基转移酶或 β-呋喃果糖苷酶。目前，黑曲霉产的果糖基转移酶已被广泛应用，低聚果糖的最大产率可达 $55\% \sim 60\%$（质量分数）。

4. 低聚异麦芽糖方法

目前，国内外低聚异麦芽糖的工业化生产主要是采用耐高温 α-淀粉酶和真菌 α-淀粉酶生产高麦芽糖浆，再利用 α-葡萄糖转苷酶进行转化生成低聚异麦芽糖，将葡萄糖去除后便成为高浓度的产品。在此过程中，可以使用具有转苷能力的 α-葡萄糖苷酶，也可以采用专门的葡萄糖转苷酶。

5. 几丁寡糖的制备

酸水解法是制备几丁寡糖的传统方法，最常用的是浓盐酸法。酸水解法虽然工艺简单，但其降解度难以控制，且产物转化率低。另外，也有用微波、辐射、超声等物理方法制备几丁寡糖的报道。目前研究的热点是酶解法。

（四） 功能性低聚糖在功能食品中的应用

功能性寡糖作为低热值甜味剂在食品中广泛地应用于乳制品、酒类产品、饮料、糖果、糕点、冰淇淋、巧克力、调味品等。功能性寡糖不只是作为甜味剂，同时也具有其他功能。比如在发酵乳制品中添加功能性寡糖，其作为乳酸菌良好的增殖因子，有利于提高乳酸菌的数量及活力，增进乳酸发酵食品的风味，缩短发酵周期。在果味饮料和茶饮料中添加低聚果糖，可以使产品口味更细腻柔和、更清。此外，菊糖是一种低聚果糖，其凝胶像奶油般柔滑，可用作脂肪替代物，具有预防龋齿、调节脂肪代谢、促进双歧杆菌增殖等功能。

利用功能性寡糖的生理特性，广泛开发了各种功能性食品，如婴幼儿食品、糖尿病患者食品、调节肠道功能保健食品、减肥食品、运动食品、冷冻食品和膳食补充剂等。如在高钙素等补钙产品添加功能性寡糖不但能够改善口感，而且可以促进钙吸收，提高保健性能。

三、低能量单糖及多元糖醇

（一） 低能量单糖

在第六章第三节中详细介绍，这里不做赘述。

（二） 多元糖醇

糖醇指由植物淀粉、纤维为原料经糖化、氢化制取的营养性甜味剂。目前，国际市场规模化的糖醇主要有麦芽糖醇、山梨醇、木糖醇、乳糖醇、甘露醇、赤藓醇、异麦芽酮糖醇等。

木糖醇的生理功能主要体现在：①预防龋齿。糖醇因不被人体口腔中产生龋齿的微生物所利用；而且不像糖类在口腔中会被酶解而生酸。②不影响血糖值。麦芽糖醇每人每天每千克体重食用 0.15g 一周，血糖值无变化；异麦芽酮糖醇，每天食用 50g 血糖值无变化。③促进钙的吸收。动物实验表明，麦芽糖醇和木糖醇可以提高钙的吸收和保留率。④其他生理功能。如改善肝功能；抑制甘油、中性脂肪、游离脂肪酸合成的功能，减慢血浆中产生脂肪酸速度，使脂肪组织生成减少；糖醇不被胃酶分解，直接进入肠部，在小肠中有润肠作用。下面举例说明几种有代表性的多元糖醇。

1. 木糖醇

木糖醇是广泛存在于自然界果蔬中的天然物，但含量较低。它只有五个碳原子，五个羟基，所以是五元醇。分子式 $C_5H_{12}O_5$，相对分子质量 152.15。它的化学结构式如图 2-1 所示。

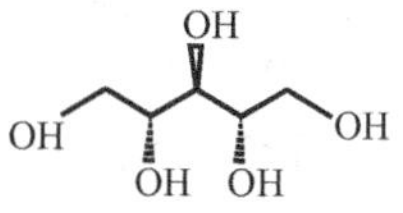

图 2-1　木糖醇化学结构式

木糖醇是所有食用糖醇中生理活性最好的品种。不论在防龋齿、不增加血糖值、作为糖尿病患者食品等方面，木糖醇都显示出了比山梨醇、麦芽糖醇、甘露醇等六碳醇具有特别的优越性。目前，已经开发的木糖醇功能食品有木糖醇口香糖、低能量硬糖、木糖醇软糖、无糖蛋糕、无糖月饼、降血糖饼干、无糖大豆纤维饼干。

2. 麦芽糖醇

麦芽糖醇是由淀粉水解氢化精制而得的一种双糖醇，其化学名称为 4-O-α-吡喃葡萄糖基-D-山梨糖醇，化学结构式如图 2-2 所示。麦芽糖醇是由麦芽糖经氢化还原制成的双糖醇。工业上其生产工艺可分为两大部分，第一部分是将淀粉水解制成高麦芽糖浆，第二部分是将制得的麦芽糖浆加氢还原制成麦芽糖醇。

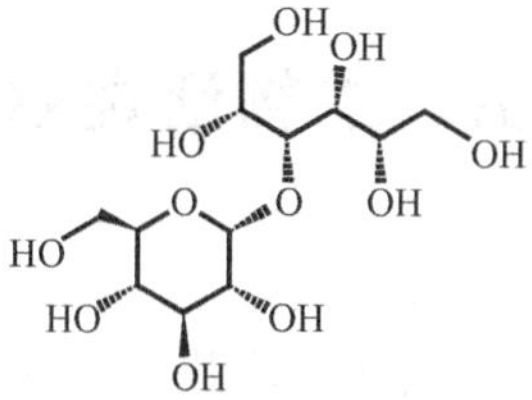

图 2-2　麦芽糖醇化学结构式

麦芽糖醇在功能食品中的应用主要体现在：①低热量功能性甜味剂。麦芽糖醇对热及酸都比较稳定，黏度比木糖醇山梨醇大2倍。因此麦芽糖醇可代替蔗糖广泛应用于无糖馅料无糖食品中。②用作脂肪替代品。用麦芽糖醇做脂肪代用品，生产低热量食品，能保持原有脂肪食品的风味和组织特性。③用于加工口香糖糖果糕点饮料及儿童老年食品等，可促进人体对钙的吸收，并可预防龋齿及老年疏松症。④麦芽糖醇具有良好的保湿性，非发酵性，用于面包、糕点中，可延长货架期。⑤麦芽糖醇具有极好的护色作用，用于加工果脯、果冻、腌渍物等，能延长果蔬的保鲜期。

3. 赤藓糖醇

赤藓糖醇为白色结晶，微甜，相对甜度0.65，有清凉感。发热量低，约为蔗糖发热量的十分之一，化学结构式如图2-3所示。赤藓糖醇是一种在自然界中分布最广泛的天然糖类物质，水果、蘑菇、地衣等植物中均含有赤藓糖醇，发酵食品及哺乳动物体内也存在。

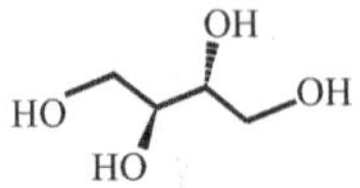

图2-3　赤藓糖醇化学结构式

赤藓糖醇作为一种天然的糖醇类填充型甜味剂，有非常稳定的耐酸、耐碱性；耐热性很强，即使温度高达160℃也不分解和变色，现已广泛应用于低能量食品中。①在饮料中的应用。赤藓糖醇与甜菊糖或其他高倍甜味剂复合使用，可有效掩盖甜菊糖等高倍甜味剂的不良异味，可增加固形物，改善口感，非常适合作宣称天然、无糖、降糖、低糖等饮料的配料。在美容类饮料方面，赤藓糖醇作为天然甜味剂可有效掩盖胶原蛋白的不良异味。②在焙烤食品中的应用。焙烤产品中添加赤藓糖醇不仅可以减少将近30%的热量，而且还可以延长产品的货架期，保持良好的新鲜度和柔软性。③在糖果中的应用。赤藓糖醇是所有糖醇在人体耐受量最高的，赤藓糖醇与其他糖醇复合使用，不仅解决了人体对各种糖醇的耐受量的问题，而且赤藓糖醇的清凉特性，使得制作的糖果具有一定的清凉特性，目前在国外已被用于无糖糖果的制造。

第二节　氨基酸、生物活性肽与活性蛋白质

一、氨基酸

氨基酸（amino acid）是含有氨基和羧基的一类有机化合物的通称。组成蛋白质的20种氨基酸对机体都是必需的，但并非都由食物提供，一部分氨基酸可在人

体内合成，或者可由其他氨基酸转化而成，这部分氨基酸称为非必需氨基酸；另一部分氨基酸必须从食物中额外补充，包括必需氨基酸和半必需氨基酸。

氨基酸与生物的生命活动密切相关，在众多的氨基酸中某些氨基酸除了营养功能外，还具有特殊的生理功能，现介绍几种近年来研究较多的氨基酸。

（一）牛磺酸

1. 牛磺酸的性质和来源

牛磺酸（taurine，tau）因 1827 年从牛胆汁中分离出来而得名，俗称牛胆碱、牛胆素。它是一种含硫的 β-氨基酸，化学名称为 2-氨基乙磺酸，结构式如图 2-4 所示。无色，四面针状结晶体，易溶于水，具有酸、碱两性电解质作用。化学性质稳定，在动物体内多以游离形式存在，是体内含量最高的游离氨基酸。机体中牛磺酸主要来自外界摄取，部分由自身合成。研究表明，在水藻及动物体内含量较高。其中，海鱼、贝类含量最丰富，植物和细菌中缺乏，故动物性食品是膳食中牛磺酸的主要来源。

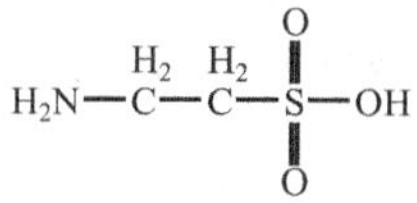

$$H_2N-\overset{H_2}{\underset{}{C}}-\overset{H_2}{\underset{}{C}}-\overset{O}{\underset{O}{\overset{\|}{\underset{\|}{S}}}}-OH$$

图 2-4　牛磺酸结构式

2. 牛磺酸的生理功能

（1）在心血管系统中的作用　牛磺酸与心肌钙及心肌收缩有密切联系。它能增加心肌收缩期的钙的利用，预防钙超载引起的心肌损伤。心肌缺乏牛磺酸时，Q-T 间期延长，导致心律失常。牛磺酸作用于心肌细胞膜，通过调节膜对 K^+ 的通透性防止 K^+ 丢失。牛磺酸还可通过中枢和外周两种机制影响血压。牛磺酸参与体内脂肪和脂溶性物质的吸收，从而起到降低胆固醇、提高高密度脂蛋白、防止动脉粥样硬化的作用。

（2）对视网膜的影响　视网膜中牛磺酸浓度下降将导致光感受器结构的破坏，并伴有严重视功能障碍和视网膜电图异常。补充牛磺酸或停用阻碍牛磺酸吸收药物后，视网膜电图恢复正常。除视网膜外，晶状体、透明体、视神经轴突也和牛磺酸有关系。

（3）在中枢神经系统中的作用　牛磺酸在脑发育过程中有神经营养因子和神经保护因子的作用。牛磺酸对婴幼儿大脑发育、神经传导、视觉机能的完善、钙的吸收有良好作用，是一种对婴幼儿生长发育至关重要的营养素。如果婴儿生长过程中缺乏牛磺酸，会导致生长和智力发育迟缓。

（4）其他生理功能　牛磺酸对脑力、体力及运动过劳者有快速消除疲劳的作用；对糖尿病及其并发症具有明显的保护和防治作用；牛磺酸还具有利胆、护肝、解毒等作用。

3. 牛磺酸在功能食品中的应用

牛磺酸具有多种功效，常用于婴儿配方食品中，如牛磺酸强化牛乳和乳粉。除婴幼儿外，成人和老年人也需要补充牛磺酸，因为牛磺酸对保护心肌和视觉功能、预防高脂血症和心血管疾病、解除疲劳、提高免疫功能等都有好处，所以牛磺酸也是成人和老年人食品的添加剂。

（二）精氨酸

1. 精氨酸的性质和来源

精氨酸（arginine，Arg）是一种含有两个碱性基团及氨基和胍基的氨基酸。在生理 pH 条件下，属碱性氨基酸（pH 10.5～12.0），分子式为 $C_6H_{14}N_4O_2$，相对分子质量 174.20，熔点 223～224℃，白色菱形结晶（从水中析出，含 2 分子结晶水）或单斜片状结晶（无结晶水），无臭，味苦；易溶于水，极微溶于乙醇，不溶于乙醚。在自然界中有两种异构体存在：D-Arg 和 L-Arg，动物体内具有重要的营养生理作用的是 L-Arg。精氨酸含量高于 2% 的食物有蚕豆、黄豆、核桃、花生、牛肉、鸡肉、鸡蛋和虾等。

2. 精氨酸的生理功能

（1）预防心脑血管疾病　补充精氨酸有助于增加体内一氧化氮的合成，而体内一氧化氮合成的增加对于平衡血压、增强血流、改善心脑供血、增强血管弹性、恢复动脉硬化效果显著。

（2）促进肌肉合成　精氨酸增加有利于组织合成蛋白质，提高蛋白质的利用率。

（3）提高机体免疫力　精氨酸是多胺合成的起始物。多胺是重要的生物学调控物质，与 DNA、RNA 及蛋白质的生物代谢有关，在细胞生长周期过程中起关键的调节作用，参与分裂素诱导的 T 细胞免疫反应，在调控中枢神经系统原发性免疫反应中起关键性作用。

（4）促进肠道发育　强化精氨酸的胃肠营养支持，可增加机体内的氮储留，有助于改善机体氮平衡，并有效发挥调节、控制蛋白质的更新，为肠上皮细胞的损伤修复提供物质基础，从而改善肠道的机械屏障功能。

（5）改善性欲　精氨酸不仅参与精子的形成，也是精子各种核蛋白的基本成分。

3. 精氨酸在功能食品中的应用

精氨酸可用于开发免疫调节和抑制肿瘤的功能食品，在创伤（手术、意外伤、烧伤）等应激情况下，精氨酸可作为特殊的营养药物。

（三） 神经酰胺

神经酰胺又称神经鞘脂类，是存在于皮肤的一种脂类，在表皮角质层形成过程中发挥着重要作用，它是由神经鞘氨醇长链碱基与脂肪酸组成的神经鞘氨脂质的一种。1884 年德国医师 Thudichum 发现人脑中存在神经鞘氨脂，之后又发现在动物、植物及一部分微生物中也有分布。

神经酰胺的生理功能有：神经酰胺与细胞表面通过酯键连接起到黏合细胞的作用；具有保持皮肤水分的作用；可改善皮肤干燥、脱屑、粗糙，减少皱纹，增强皮肤弹性，延缓皮肤衰老；神经酰胺是细胞内细胞毒素调节剂。在骨髓和淋巴细胞中，神经酰胺衍生物引起早期特殊核小体间 DNA 破碎，这是细胞凋亡外部特征。

神经酰胺的应用主要是在护肤化妆品中，起到保湿、抗衰老等功效。它的应用现已拓展到功能食品和药品，此类功能食品的生理功能主要有抑制血压上升、活化免疫、抑制肿瘤细胞增殖等作用。

二、生物活性肽

生物活性肽（简称活性肽）指的是一类分子质量小于 6000Da、具有多种生物学功能的多肽。这些活性肽具有多种人体代谢和生理调节功能，食用安全性极高。由于动物体内存在大量的蛋白酶和肽酶，人们长期以来一直认为，蛋白质降解成寡肽后，只有再降解为游离氨基酸才能被动物吸收利用。20 世纪 60 年代，有研究证明寡肽可以被完整吸收，人们才逐步接受了肽可以被动物直接吸收利用的观点。此后人们对寡肽在动物体内的转运机制进行了大量的研究，表明动物体内可能存在多种寡肽的转运体系。目前的研究认为，二肽、三肽能被完整吸收，大于三肽的寡肽能否被完整吸收还不确定，但也有研究发现四肽、五肽甚至六肽都能被动物直接吸收。

生物活性肽的生理功能如下。

① 调节体内的水分、电解质平衡。

② 为免疫系统制造对抗细菌和感染的抗体，提高免疫功能。

③ 促进伤口愈合。

④ 在体内制造酶，有助于将食物转化为能量。

⑤ 修复细胞，改善细胞代谢，防止细胞变性，能起到防癌的作用。

⑥ 促进蛋白质、酶的合成与调控。

⑦ 沟通细胞间、器官间信息的重要化学信使。

⑧ 预防心脑血管疾病。

⑨ 调节内分泌与神经系统。

⑩ 改善消化系统，治疗慢性胃肠道疾病。

⑪ 改善糖尿病、风湿、类风湿等疾病。

⑫ 抗病毒感染、抗衰老，消除体内多余的自由基。

⑬ 促进造血功能，治疗贫血，防止血小板聚集，能提高血红细胞的载氧能力。

目前，营养学、生物学以及医学方面的研究人员已经不断开发出各种各样的活性肽类产品，以满足人们对健康的需求。尤其是活性肽类功能食品，目前是国际上研究的热点。日本、美国、欧洲已捷足先登，推出具有各种各样功能的食品和食品添加剂，形成了一个具有极大商业前景的产业。

1. 矿物元素结合肽

多数矿物元素结合肽中心位置含有磷酸化的丝氨酸基团和谷氨酰残基，与矿物元素结合的位点存在于这些氨基酸带负电荷的侧链一侧，其最明显的特征是含有磷酸基团。与钙结合需要含丝氨酸的磷酸基团以及谷氨酸的自由羧基基团，这种结合可增强矿物质-肽复合物的可溶性。酪蛋白磷酸肽（简称 CPP）是目前研究最多的矿物元素结合肽，它能与多种矿物元素结合形成可溶性的有机磷酸盐，充当许多矿物元素如 Fe^{2+}、Mn^{2+}、Cu^{2+}、Se^{2+}，特别是 Ca^{2+} 在体内运输的载体，能够促进小肠对 Ca^{2+} 和其他矿物元素的吸收。有关酪蛋白磷酸肽的结构、生理功能及在功能食品中的应用将在第四章第一节中详细介绍。

2. 酶调节剂和抑制剂

这类肽包括谷胱甘肽、肠促胰酶肽等。谷胱甘肽在小肠内可以被完全吸收，它能维持红细胞膜的完整性，对于需要巯基的酶有保护和恢复活性的功能，它是多种酶的辅酶或辅基，可以参与氨基酸的吸收及转运，参与高铁血红蛋白的还原作用及促进铁的吸收。有关谷胱甘肽的结构、生理功能及在功能食品中的应用将在第四章第二节中详细介绍。

3. 抗菌肽

又称抗菌活性肽，它通常与抗生素肽和抗病毒肽联系在一起，包括环形肽、糖肽和脂肽，如短杆菌肽、杆菌肽、多黏菌素、乳酸杀菌素、枯草菌素和乳酸链球菌肽等。抗菌肽热稳定性较好，具有很强的抑菌效果。

除微生物、动植物可产生内源抗菌肽外，食物蛋白经酶解也可得到有效的抗菌肽，如从乳铁蛋白中获得的抗菌肽。乳铁蛋白是一种结合铁的糖蛋白，作为一种原型蛋白，被认为是宿主抗细菌感染的一种很重要的防卫机制。研究人员利用胃蛋白酶分裂乳铁蛋白，提纯出了三种抗菌肽，它们可作用于大肠杆菌，均呈阳离子形式。这些生物活性肽接触病原菌后 30min 见效，是良好的抗生素替代品。

4. 神经活性肽

多种食物蛋白经过酶解后，会产生神经活性肽，如来源于小麦谷蛋白的类鸦片活性肽，它是体外胃蛋白酶及嗜热菌蛋白酶解产物。

神经活性肽包括类阿片活性肽、内啡肽、脑啡肽和其他调控肽。神经活性肽对人具有重要的作用，它能调节人体情绪、呼吸、脉搏、体温等，与普通镇痛药不同的是，它无任何副作用。

5. 免疫活性肽

免疫活性肽能刺激巨噬细胞的吞噬能力，抑制肿瘤细胞的生长，人们将这种肽称为免疫活性肽。它分为内源免疫活性肽和外源免疫活性肽两种。内源免疫活性肽包括干扰素、白介素和β-内啡肽，它们是激活和调节机体免疫应答的中心。外源免疫活性肽主要来自于人乳和牛乳中的酪蛋白。

免疫活性肽具有多方面的生理功能，它不仅能增强机体的免疫能力，在动物体内起重要的免疫调节作用；而且还能刺激机体淋巴细胞的增殖和增强巨噬细胞的吞噬能力，提高机体对外界病原物质的抵抗能力。

6. 抗氧化肽

某些食物来源的肽具有抗氧化作用，其中人们最熟悉的是存在于动物肌肉中的一种天然二肽——肌肽。据报道，抗氧化肽可抑制体内血红蛋白、脂氧合酶和体外单线态氧催化的脂肪酸败作用。此外，从蘑菇、马铃薯和蜂蜜中鉴别出几种低分子量的抗氧化肽，它们可抑制多酚氧化酶的活性，可直接与多酚氧化酶催化后的醌式产物发生反应，阻止聚合氧化物的形成，从而防止食品的棕色反应。通过清除重金属离子以及促进可能成为自由基的过氧化物的分解，一些抗氧化肽和蛋白水解酶能降低自动氧化速率和脂肪的过氧化物含量。

7. 营养肽

对人或动物的生长发育具有营养作用的肽，称为营养肽。如蛋白质在肠道内酶解消化可释放游离的氨基酸和肽。大量研究表明，蛋白质和肽除可直接供给动物机体氨基酸需要外，对动物生长还有一些特殊的额外作用。以游离氨基酸代替完整蛋白质的数量是有限的，低蛋白日粮无论如何平衡氨基酸都无法达到高蛋白日粮的生产水平。动物日粮中蛋白质的重要性部分体现在小肠部位可以产生具有生物活性的肽类。肽类的营养价值高于游离氨基酸和完整蛋白质，其原因有以下几个方面。

① 一般来说，小肽的抗原性要比大的多肽或原型蛋白质的抗原性低。

② 与转运游离氨基酸相比，机体转运小肽通过小肠壁的速度更快。

③ 肽类的渗透压比游离氨基酸低，因此可提高小肽的吸收效率，减少渗透问题。

④ 小肽还具有良好的感官/味觉效应。

三、活性蛋白质

（一）免疫球蛋白

免疫球蛋白（immunoglobulin，简称 Ig）是一类具有抗体活性、能与相应抗原发生特异性结合的球蛋白。免疫球蛋白不仅存在于血液中，还存在于体液、黏膜分泌液以及 B 淋巴细胞膜中。它是构成体液免疫作用的主要物质，与补体结合后可杀死细菌和病毒，因此，可增强机体的防御能力。

1. Ig 的结构与分类

总体来看，所有 Ig 的基本结构均是由 4 条多肽链即 2 条相同的重链和 2 条相同的轻链借二硫键连接组成的对称结构（图 2-5）。活性 Ig 可以是这种基本结构单位的单体或聚合体。免疫球蛋白共有 5 种，分别是 IgG、IgA、IgD、IgE 和 IgM，在体内起主要作用的是 IgG、IgA 和 IgG 及其亚类。

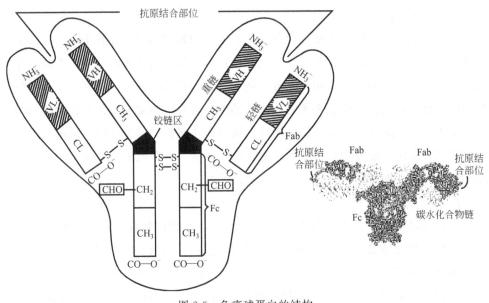

图 2-5　免疫球蛋白的结构

2. Ig 的生物学功能

Ig 的生物学功能如表 2-1 所示。

表 2-1　各种 Ig 的生物学功能

功能	IgM	IgD	IgG$_1$	IgG$_2$	IgG$_3$	IgG$_4$	IgA$_1$	IgA$_2$	IgE
活化补体 （经典途径）	+++	−	++	+	+++	−	−	−	−
活化补体 （旁路途径）	−	−	−	−	−	−	−	−	−
胎盘通过性	−	−	+	+	+	+	+	+	−

功能	IgM	IgD	IgG$_1$	IgG$_2$	IgG$_3$	IgG$_4$	IgA$_1$	IgA$_2$	IgE
体外分泌	+	−	+	+	+	+	+++	+++	−
结合细胞									
中性粒细胞	−	−	+	−	++	+	+	+	−
嗜酸粒细胞	−	−	+	?	+	?	−	−	+
嗜碱粒细胞									+
淋巴细胞	+	+	+	+	+	+			
乳突细胞	−	−	−	−	−	−		−	+++
血小板	−	−	+	+	+	+			?
巨噬细胞	−	−	+	+	+	+			+
生物功能	凝集反应的主体	在淋巴细胞表面存在	在血管外体液中含量最多,对异物反应				在消化道、气管表面存在,对异物反应		

3. Ig 的生理功能

（1）与相应抗原特异性结合　免疫球蛋白最主要的功能是能与相应抗原特异性结合，在体外引起各种抗原-抗体的反应。抗原可以是侵入人体的菌体、病毒或毒素，它们被 Ig 特异性结合后便丧失破坏机体健康的能力。

（2）活化补体　IgG$_1$、IgG$_2$、IgG$_3$ 和 IgM 与相应抗原结合后，可活化补体经典途径（classical pathway，CP），即抗原-抗体复合物刺激补体固有成分 C1～C9 发生酶促连锁反应，产生一系列生物学效应，最终发生细胞溶解作用的补体活化途径。

（3）结合细胞产生多种生物学效应　免疫球蛋白（Ig）能够通过其 Fc 段与多种细胞（表面具有相应 Fc 受体）结合，从而产生多种不同的生物效应。

（4）通过胎盘传递免疫力　不同类型的 Ig 在不同动物的母体和幼体间有不同的 Ig 转移方式，对于在多种病原菌中出生的幼体，母亲传递给幼体多种抑菌物质，Ig 是其中最主要的一种。

（5）Ig 的制备与应用　免疫球蛋白主要来源于动物血液、初乳及卵黄，但无论是卵黄还是初乳，都是免疫细胞分泌产生的，由血液中转移过去的。虽然从这些原料中均可提取免疫球蛋白，且提取方法多种多样，但最有工业化前途的是利用超滤法从鸡蛋蛋黄中提取卵黄抗体。免疫球蛋白主要应用于婴儿配方乳粉和提高免疫力的功能食品。

（二）乳铁蛋白

乳铁蛋白是一种天然蛋白质的降解物，存在于牛乳和母乳中。乳铁蛋白晶体呈红色，是一种铁结合性糖蛋白，相对分子质量为 77100±1500。在 1 分子乳铁蛋白中，含有 2 个铁结合部位。其分子由单一肽键构成，谷氨酸、天冬氨酸、亮氨酸和丙氨酸的含量较高；除含少量半胱氨酸外，几乎不含其他含硫氨基酸；终端含有一个丙氨酸基团。

1. 乳铁蛋白的生理功能

乳铁蛋白还有多种生理功能，归纳起来有以下几个方面。

① 刺激肠道中铁的吸收。

② 抑菌作用，抗病毒效应。

③ 调节吞噬细胞功能。

④ 调节发炎反应，抑制感染部位炎症。

⑤ 抑制由于 Fe^{2+} 引起的脂氧化，Fe^{2+} 或 Fe^{3+} 的生物还原剂（如抗坏血酸盐）是脂氧化的诱导剂。

⑥ 对婴儿健康成长有重要作用。给婴儿喂食含有乳铁蛋白的乳粉，发现婴儿大便中双歧杆菌的数量明显增加，且粪便的 pH 下降，溶菌酶的活性和有机酸的含量均上升。

2. 乳铁蛋白的分离方法

目前报道的乳铁蛋白分离方法很多，主要有色谱法（吸附色谱法、离子交换色谱法、亲和色谱法、固定化单系抗体法等）和超滤法。

色谱法的优点是分离效果好、纯度高，抗体被固定化可重复使用，其缺点是柱的制备工艺复杂，抗体成本昂贵，难以工业化生产。超滤法操作简便，费用相对较低，易于形成工业化规模，其缺点是乳铁蛋白纯度较低，膜需经常清洗。超滤法是生产食品用乳铁蛋白最具实现工业化潜力的方法之一。

3. 乳铁蛋白的应用

乳铁蛋白是一种新型的、很有前途的铁强化配料，具有较高的铁生物利用率，减少了高无机铁用量时的负面影响，是开发功能食品、运动员食品的首选补铁原料。应用最为普遍和成熟的是在婴儿配方乳粉中强化乳铁蛋白，使其营养成分接近母乳，对出生婴儿的营养需要和生长发育及其重要，可以促进肠道有益菌生长，帮助婴幼儿抵抗大肠杆菌、降低病毒等微生物引起的腹泻和肠炎等常见疾病。

（三）溶菌酶

溶菌酶 [lysozyme，Lz，EC（3.2.1.17）] 又称胞壁质酶（muramidase）或 N-乙酰胞壁质聚糖水解酶（N-acetyl muramide glycanohydralase），广泛存在于鸟、家禽的蛋清，哺乳动物的眼泪、唾液、血浆、尿、乳汁和组织（如肝、肾）细胞中，其中以蛋清中含量最为丰富，而人的眼泪、唾液中的 Lz 活力远高于蛋清中 Lz 的活力。

1. 溶菌酶的制备

工业上生产的溶菌酶主要是水解糖苷酶型，多采用亲和色谱法、直接结晶法、离子交换法、超滤与亲和色谱联合使用法。鸡蛋清中溶菌酶含量较高，是提取溶菌酶的主要来源，我国蛋厂常用鸡蛋壳中残留的蛋清为原料，在 pH 值 6.5 的条件下，用弱酸性大孔阳离子交换树脂吸附，再用硫酸铵洗脱，经过透析再冷冻干燥而成，溶菌酶得率为蛋清的 0.1%。利用亲和沉淀从蛋清中分离溶菌酶也是溶菌酶制备研究的一个热点。

2. 溶菌酶在功能食品中的应用

（1）溶菌酶在乳制品中的应用　溶菌酶应用于液态乳制品中主要起到防腐的效果，尤其适用于巴氏杀菌乳可有效地延长保质期。另外，溶菌酶具有一定的耐高温性，也可用于超高温瞬间杀菌乳。添加剂量一般为 300～600mg/kg。研究还表明，溶菌酶是双歧杆菌增长因子，有防止肠炎和变态反应的作用，对婴幼儿的肠道菌群有平衡作用，在干酪生产中添加溶菌酶可代替硝酸盐等抑制丁酸菌的污染，防止干酪产气，并对干酪的感官质量有明显改善作用。

（2）溶菌酶在低度酒和饮料中的应用　溶菌酶是低度酒类较好的防腐剂。在低度酒中添加 20mg/kg 的溶菌酶不仅对酒的风味无任何不良影响，而且还可防止产酸菌的生长，同时受酒类澄清剂的影响很小，在日本把溶菌酶用于清酒的防腐就是较为典型的例子。

（3）溶菌酶在发酵食品中的应用　溶菌酶可用于四川泡菜、豆瓣等对热敏感的发酵食品，起到杀菌防腐作用。由于不经过加热，属于冷杀菌，因而避免了高温杀菌对食品风味的破坏作用。目前关于泡菜和豆瓣的生产储藏方法通常采用高盐或高酸抑菌，对其发酵风味影响很大，而采用溶菌酶的抑菌防腐特性对泡菜和豆瓣进行杀菌防腐，可从感官上很大程度上减少了发酵产品颜色褐变，保持了发酵原有的色，从风味上大大降低了泡菜和豆瓣的咸味，提高了产品风味。

（4）溶菌酶在其他食品中的应用　研究表明，把溶菌酶、氯化钠和亚硝酸盐联合应用到肉制品中可延长肉制品的保质期，其防腐效果比单独使用时效果要好。对于一些新鲜的海产品和水产品经溶菌酶处理后均可适当延长储藏期。利用溶菌酶破坏酵母细胞壁，可制成微生物蛋白质，进而提高酵母蛋白质的利用率。

（四）其他蛋白类生物活性物质

1. 金属硫蛋白

金属硫蛋白（metallothionein，MT），是一类低分子质量、高巯基含量、能结合金属离子、具有独特性能的蛋白质。相对分子质量 6000～10000，每摩尔金属硫蛋白含有 60～61 个氨基酸，其中含—SH 的氨基酸有 18 个，占总数的 30%。每 3

个—SH键可结合1个2价金属离子。

金属硫蛋白的生理功能主要体现在以下几方面。

① 参与微量元素的储存、运输和代谢。

② 清除自由基，拮抗电离辐射。

③ 重金属的解毒作用。

④ 参与激素和发育过程的调节，增强机体对各种应激的反应。

⑤ 参与细胞DNA的复制和转录、蛋白质的合成与分解以及能量代谢的调节过程。

目前，金属硫蛋白已在功能食品中得到广泛应用，主要的产品有预防重金属中毒类产品（如排铅食品）、抗辐射食品和抗衰老食品等。

2. 大豆蛋白

大豆蛋白（glycinin）是存在于大豆籽粒中的储藏性蛋白的总称，约占大豆总量的30%。大豆蛋白的氨基酸模式，除了婴儿以外，自2周岁的幼儿至成年人，都能满足其对必需氨基酸的需要。大豆蛋白对血浆胆固醇的影响，已确认的特点如下。

① 对血浆胆固醇含量高的人，大豆球蛋白有降低胆固醇的作用。

② 当摄取高胆固醇食物时，大豆球蛋白可以防止血液中胆固醇的升高。

③ 对于血液中胆固醇含量正常的人来说，大豆球蛋白可降低血液中 LDL-C/HDL-C 的比值。

大豆蛋白不仅具有特殊的保健作用，而且还有许多优良的工艺特性，因此被广泛应用于多种食品体系，如肉类食品、焙烤食品、乳制品和蛋白饮料等。

3. 超氧化物歧化酶

超氧化物歧化酶（SOD，EC 1.15.1.1）是生物体内防御氧化损伤的一种重要的酶，能催化底物超氧自由基发生歧化反应，维持细胞内超氧自由基处于无害的低水平状态。根据其金属辅基成分的不同，可将 SOD 分为三类：铜锌超氧化物歧化酶（Cu/Zn-SOD）、锰超氧化物歧化酶（Mn-SOD）和铁超氧化物歧化酶（Fe-SOD）。

作为一种生理活性成分，SOD 的生理功能可概括如下。

① 清除机体代谢过程中产生过量的超氧阴离子自由基，延缓由于自由基侵害而出现的衰老现象，如延缓皮肤衰老和脂褐素沉淀的出现。

② 提高人体对由于自由基侵害而诱发疾病的抵抗力，包括肿瘤、炎症、肺气肿、白内障和自身免疫疾病等。

③ 提高人体对自由基外界诱发因子的抵抗力，如烟雾、辐射、有毒化学品和有毒医药品等，增强机体对外界环境的适应力。

④ 减轻肿瘤患者在进行化疗、放疗时的疼痛及严重的副作用，如骨髓损伤或白细胞减少等。

⑤ 消除机体疲劳，增强对超负荷大运动量的适应力。

SOD 已广泛应用于医药、化妆品、牙膏和食品中。目前，开发的相关功能性食品有 SOD 果汁、SOD 啤酒、SOD 冰淇淋、酸乳、功能性口服液、抗衰老功能食品等。

第三节　常见功能性油脂

功能性油脂是一类具有特殊生理功能的油脂，是一类对人体有一定保健功能、药用功能以及有益健康的油脂，是指那些属于人类膳食油脂，为人类营养、健康所需要，并对人体一些相应缺乏症和内源性疾病，如高血压、心脏病、癌症、糖尿病等有积极防治作用的一大类脂溶性物质。主要包括多不饱和脂肪酸、磷脂、脂肪替代品、植物甾醇、二十八烷醇、角鲨烯等。本节以多不饱和脂肪酸、磷脂和脂肪替代品为例对功能性油脂进行详细介绍。

一、多不饱和脂肪酸

1. 多不饱和脂肪酸的结构与分类

多不饱和脂肪酸（polyunsaturated fatty acids，PUFA）是指含有两个或两个以上双键且碳链长为 18~22 个碳原子的直链脂肪酸，是研究和开发功能性脂肪酸的主体和核心。根据第一个不饱和键位置不同及在人体内代谢的相互转化方式不同，可分 ω-3 和 ω-6 两大类。距羧基最远端的双键是在倒数第 3 个碳原子上的称为 ω-3 多不饱和脂肪酸，如 α-亚麻酸、二十碳五烯酸（EPA）和二十二碳六烯酸（DHA）等；在第 6 个碳原子上的，则称为 ω-6 多不饱和脂肪酸，如亚油酸（LA）、γ-亚麻酸（GLA）和花生四烯酸（AA）等。ω-3 和 ω-6 系列的主要多不饱和脂肪酸及其化学结构如图 2-6 所示。其中，α-亚麻酸和亚油酸被公认为人体的必需脂肪酸（EA），它们是维持生命活动所必需且体内不能合成或合成速度不能满足需要而必须从体外摄取的一类脂肪酸。

2. 多不饱和脂肪酸的来源

（1）多不饱和脂肪酸的动植物资源

① 亚油酸：亚油酸作为最早被确认的必需脂肪酸和重要的多不饱和脂肪酸，在我们日常食用的绝大部分油脂中的含量都在 9% 以上，而且在主要食用植物油脂如大豆油、花生油、葵花子油、菜籽油、米糠油、芝麻油、棉籽油等食用油脂中的含量都较高，见表 2-2。还有一些含亚油酸特别高的油脂资源，见表 2-3。

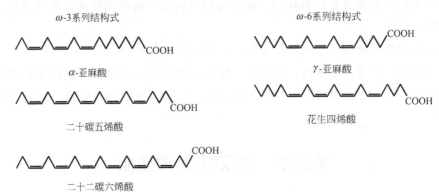

ω-3系列结构式   ω-6系列结构式

α-亚麻酸   γ-亚麻酸

二十碳五烯酸   花生四烯酸

二十二碳六烯酸

图 2-6   ω-3 和 ω-6 系列多不饱和脂肪酸的种类及其化学结构

表 2-2   常见植物油中脂肪酸含量   %

食用油脂名称	饱和脂肪酸	不饱和脂肪酸			其他脂肪酸
		油酸($C_{18:1}$)	亚油酸($C_{18:2}$)	亚麻酸($C_{18:3}$)	
可可油	93	6	1		
椰子油	92	0	6	2	
橄榄油	10	83	7		
菜籽油	13	20	16	9	42
花生油	19	41	38	0.4	1
茶油	10	79	10	1	1
葵花子油	14	19	63	5	
豆油	16	22	52	7	3
棉籽油	24	25	44	0.4	3
大麻油	15	39	45	0.5	1
芝麻油	15	38	46	0.3	1

表 2-3   一些高亚油酸含量的油脂资源

油 脂	亚油酸含量/%	油 脂	亚油酸含量/%
红花籽油	56～81	五味子籽油	75.2
葵花子油	51.5～73.5	青蒿籽油	84.5
沙蒿籽油	68.5	哈密瓜籽油	65.3～76.8
水冬瓜油	66～80	番茄籽油	62
烟草籽油	75	苍耳籽油	65.3～76.8
核桃仁油	57～76	酸枣仁油	50.2

②α-亚麻酸：α-亚麻酸在大豆油、葵花子油、菜籽油中均有一定的含量。相对于亚油酸而言，α-亚麻酸的资源和日常可获得性要差很多，但在一些藻类与微生物中存在较多的α-亚麻酸资源。α-亚麻酸含量较高的一些植物油脂资源可参见表 2-4。

表 2-4　一些高 α-亚麻酸含量的植物油脂资源

油脂资源	α-亚麻酸含量/%	油脂资源	α-亚麻酸含量/%
苏子油	44～70	亚麻子油	33～37.5
罗勒籽油	44～65	大麻子油	15～30
拉曼油	66	紫花苜蓿油	84.5
亚麻仁油	40～61	葫芦巴籽油	14～22
甜紫花南芥油	46	芥子油	6～18
乌桕油	41～54	胡桃油	10.7～16.2

③ γ-亚麻酸：含量较高的 γ-亚麻酸资源在自然界和人类食物中不太常见，而且因其含量比例低，很难成为有经济价值的可利用资源，如燕麦和大麦中的脂质含有 0.25%～1.0% 的 γ-亚麻酸，乳脂中含 0.1%～0.35%。现已发现一些植物的油籽中含有较为丰富的 γ-亚麻酸，见表 2-5。

表 2-5　几种富含 γ-亚麻酸的植物油脂资源

油脂资源	种子含油率/%	γ-亚麻酸含量/%
月见草油	15～30	7～15
玻璃苣油	30	19～25
黑加仑油	13～30	15～20
黑穗醋栗油	30	17

④ DHA 和 EPA：陆地植物油中几乎不含 EPA 与 DHA，在一般陆地动物油中也检测不到。但高等动物的某些器官与组织中，例如眼、脑、睾丸等中含有较多的 DHA。海藻类及海水鱼是 EPA 与 DHA 的重要来源，在海产鱼油中含有数量不等的 AA、EPA、DPA、DHA 四种脂肪酸，以 EPA 和 DHA 的含量较高。表 2-6 列出了我国一些水产原料所提油脂中 EPA 和 DHA 的含量。

表 2-6　我国几种水产原料油脂中 EPA 和 DHA 含量　　　　　　　%

来源	EPA	DHA	来源	EPA	DHA
沙丁鱼	8.5	16.03	海条虾	11.8	15.6
鲐鱼	7.4	22.8	梭子蟹	15.6	12.2
马鲛	8.4	31.1	草鱼	2.1	10.4
带鱼	5.8	14.4	鲤鱼	1.8	4.7
海鳗	4.1	16.5	鲫鱼	3.9	7.1
鲨	5.1	22.5	鲫鱼卵	3.9	12.2
小黄鱼	5.3	16.3	褐指藻	14.8	2.2
白姑鱼	4.6	13.4	盐藻	—	4.2
银鱼	11.3	13.0	螺旋藻	32.8	5.4
鳙鱼	10.8	19.5	小球藻	35.2	8.7
鱿	11.7	33.7	角毛藻	6.4	0.5
乌贼	14.0	32.7	对虾(养殖)	14.6	11.2

（2）多不饱和脂肪酸的微生物资源　用于生产 PUFA 的资源十分有限，且目前还不能用化学合成的方法制造 PUFA，因此只能以某些特殊的动植物为原料进行分离提取。基于以上现状，开发可用于生产 PUFA 的新资源具有重要的现实意义。近年来，国内外已有研究表明，一些微生物具有合成 PUFA 的能力。因此，微生物有望成为生产 PUFA 的新途径。

① 产 PUFA 微生物的种类：可以生产 PUFA 的微生物种类很多，主要包括细菌、酵母、霉菌和藻类。由于细菌产量较低，目前主要集中在真菌和藻类的研究上。

a. 细菌：主要包括嗜酸乳杆菌 CRL640、浑浊红球菌 PD630、弧菌 CCUG35308 等。浑浊红球菌 PD630 在葡萄糖或橄榄油中生长时，甘油酯中的脂肪酸含量占细胞干重的 76%～87%。

b. 酵母：酵母主要包括弯假丝酵母、浅白色隐球酵母、胶黏红酵母、斯达氏油脂酵母、产油油脂酵母等。一般油酸是酵母中最丰富的脂肪酸，其次是亚油酸。红酵母和假丝酵母，可用于开发生产可可脂及其代用品。

c. 霉菌：霉菌主要有深黄被孢霉、高山被孢霉、卷枝毛霉、米曲霉、土曲霉、雅致枝霉、三孢布拉氏霉等。特别是被孢霉属，主要用于生产 γ-亚麻酸（GLA）和花生四烯酸（AA）；破壁壶菌油 DHA 含量较高；腐霉菌油 AA、EPA 含量较高。

d. 藻类：在各种藻类中，金藻纲、黄藻纲、硅藻纲、绿藻纲、隐藻纲的藻类都能产生高产量的 EPA，其中 Rhodonhuceae 中的 EPA 含量高达 50% 左右。甲藻纲中的藻类具有高含量的 DHA。

② 微生物的多不饱和脂肪酸合成途径：在酵母、真菌和藻类中，PUFA 的生物合成是以硬脂酸为底物，经碳链延长和脱饱和两个主要反应而来。它们分别由相应的膜结合延长酶和脱饱和酶所催化，碳链延长供体是丙二酸单酰 CoA。脱饱和体系由微粒体膜结合的细胞色素 B_5 还原酶和脱饱和酶组成。具体的合成途径如图 2-7 所示。

与酵母、真菌和藻类一样，细菌也需要多种酶参与脂肪酸的合成，通常称为脂肪酸合成酶。大多数细菌脂肪酸合成采用 II 型脂肪酸合成酶系，其中心为酰基载体蛋白（ACP）。在脂肪酸合成过程中，反应中间体与 ACP 结合，合成涉及多个脂肪酸的脱氢和碳链延长，某些细菌还有类似动物合成脂肪酸的 I 型脂肪酸合成酶系。但是，海洋细菌 PUFA 的合成机制不同于其他生物，合成过程中不涉及重要的脂肪酸脱氢和延长机制，其合成由一种聚酮合酶（PKS）催化。

③ 微生物生产油脂的优点：利用微生物生产油脂具有很多优点。a. 微生物细胞生长繁殖快、生产周期短、代谢活动旺盛、易于培养；b. 微生物生长所需的原

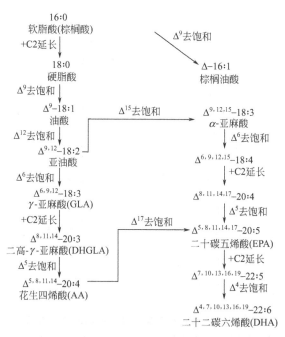

图 2-7　高等微生物多不饱和脂肪酸合成途径

料丰富，价格便宜，还可以利用食品工业和造纸行业的废弃物，如废糖蜜、木材糖化液等，从而减少了环境污染；c. 用微生物发酵生产油脂，比传统农业生产油脂所需的劳动力少，且不受外界环境限制，能连续大规模生产。这些优势必将为微生物油脂的生产提供广阔的发展前景。

3. 多不饱和脂肪酸的生理功能

多不饱和脂肪酸之所以受到广泛关注，不仅因为亚油酸和 α-亚麻酸是人体必不可少的必需脂肪酸，更重要的是因为由它们在体内代谢转化和人体生理活动中起着极为重要的作用。人体内 ω-6 和 ω-3 系列多不饱和脂肪酸根据需要各自进行相关代谢，但相互之间不发生转换，因此其在体内的作用不能相互替代。动物体内的 EPA 和 DHA 可由油酸、亚油酸或亚麻酸转化形成，但这一转化过程在人体内非常缓慢，而在一些海鱼和微生物中转化量较大。这些脂肪酸在人体内的转化关系如图 2-8 所示。

（1）多不饱和脂肪酸与心血管系统疾病　膳食中的脂类能够显著影响脂蛋白代谢，从而改变心血管疾病的危险性。多不饱和脂肪酸可降低 LDL-C，所有脂肪酸均可使 HDL-C 浓度升高，但随着脂肪酸不饱和度的增加而这种作用减少。

多不饱和脂肪酸对动脉血栓形成和血小板功能有明显影响。亚油酸的摄入量与血浆磷脂、胆固醇酯和甘油三酯中的亚油酸含量有很强的相关关系，且血小板的总

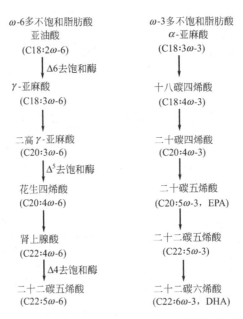

图 2-8　多不饱和脂肪酸在人体内的转化关系

△ 表示碳原子在碳链上的位置是从距脂肪酸的羧基端（—COOH）开始的位数

亚油酸、α-亚麻酸、花生四烯酸、EPA 以及 DHA 与血浆甘油三酯、磷脂、脂肪组织中的脂肪酸浓度呈显著相关性。但是这些不饱和脂肪酸浓度（如脂肪组织中的）并不能预测血栓形成的危险性（Kardinaal et al.，1995）。

　　多不饱和脂肪酸（不管是 ω-3 或 ω-6）可能还具有降血压作用，但作用机制还不清楚。通常认为，亚油酸和 ω-3 长链多不饱和脂肪酸能影响血压的原因在于这两种物质可改变细胞膜脂肪酸构成及膜流动性，进而影响离子通道活性和前列腺素的合成。

　　（2）多不饱和脂肪酸与细胞生长　关于 ω-6 和 ω-3 长链 PUFA 如何影响特定组织生长的资料甚少。现有研究显示 PUFA 对脑、视网膜和神经组织发育有影响。DHA 和花生四烯酸是脑和视网膜中两种主要的多不饱和脂肪酸。虽然 PUFA 对于成年人而言它们的缺乏表征极少见，但对于胎儿和婴幼儿的影响显著。多不饱和脂肪酸对于促进胎儿脑部发育完善，提高脑神经机能，增强记忆、思考和学习能力，以及增强视网膜的反应能力，预防视力退化等都起着重要作用。

　　（3）多不饱和脂肪酸的抗肿瘤作用　大量实验表明 DHA 和 EPA 具有较好的抗肿瘤作用，其抗肿瘤机理主要有四个方面：①ω-3 脂肪酸干扰 ω-6 多不饱和脂肪酸的形成，并降低花生四烯酸的浓度，降低促进 PGE_2 生成的白介素的量，进而减少了被确信为对癌发生有促进作用的 PGE_2 的生成；②癌细胞的膜合成对胆固醇的需要量大，而 ω-3 脂肪酸能降低胆固醇水平，从而能抑制癌细胞生长；③在免疫细胞中的 DHA 和 EPA 产生了更多的有益生理效应的物质，参与了细胞基因表达调控，提高了机体免疫能力，减少了肿瘤坏死因子；④EPA 和 DHA 大大增加了细胞膜的流动性，有利于细胞代谢和修复，如已证明 EPA 可促进人外周血液单核细胞的增殖，阻止肿瘤细胞的异常增生。

（4）多不饱和脂肪酸的免疫调节作用　Calder（1990）的综述认为，花生四烯酸、EPA 和 DHA 等多不饱和脂肪酸能影响多种细胞（其中包括那些与炎性和免疫性有关的细胞）的不同功能。其中 ω-3 系脂肪酸的作用特别强。EPA 可抑制中性细胞核单核细胞的 5-脂氧合酶的代谢途径，增加白三烯 B_5 的合成，同时抑制 LTB_4 介导的中性白细胞机能，并通过降低白介素-1 的浓度而影响白介素的代谢。

（5）其他作用　多不饱和脂肪酸还有防止皮肤老化、延缓衰老、抗过敏反应、减肥等作用。

二、磷脂

1. 磷脂的定义及分类

磷脂是一类含磷酸根脂质的总称，是动植物中细胞膜、核膜、质体膜的基本成分，也是生命的基础物质之一，具有重要的营养和医用价值。

磷脂按照化学组成可分为甘油醇磷脂及神经氨基醇磷脂两类，前者为甘油醇酯衍生物，后者为神经氨基醇酯的衍生物。甘油醇磷脂是由甘油、脂肪酸、磷酸和其他基团（如胆碱、氨基乙醇、丝氨酸等）所组成，是磷脂酸的衍生物。甘油醇磷脂包括卵磷脂、脑磷脂（丝氨酸磷脂和氨基乙醇磷脂）、肌醇磷脂、缩醛磷脂和心肌磷脂。神经氨基醇磷脂，也有称为非甘油醇磷脂，是神经氨基醇（简称神经醇）、脂酸、磷酸与氮碱组成的脂质。

磷脂按来源可分为植物磷脂和动物磷脂。在动物性磷脂原料中，以蛋黄含量最为丰富，约含磷脂 10%；在植物性磷脂原料中，以大豆含量最高，含 2%～3%。卵黄磷脂和大豆磷脂的组成成分见表 2-7。

表 2-7　卵黄磷脂与大豆磷脂的组成成分　　　　　　　　　　　　%

极性脂质	卵黄磷脂含量	大豆磷脂含量
磷脂酰胆碱（PC）	73	36
磷脂酰乙醇胺（PE）	15.5	21.4
磷脂酰肌醇（PI）	0.6	15
磷脂酰甘油（PG）	0.9	16.1
磷脂酸（PA）	—	3.6
其他磷脂	10	7.5

2. 磷脂的分类及结构

（1）甘油醇磷脂　甘油醇磷脂的基本结构如下。

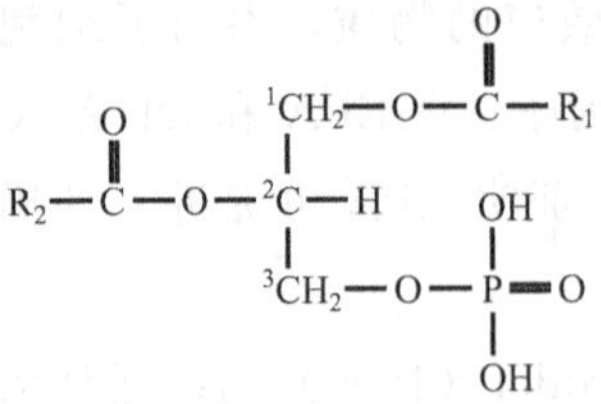

3-磷脂酸[Ⅰ] 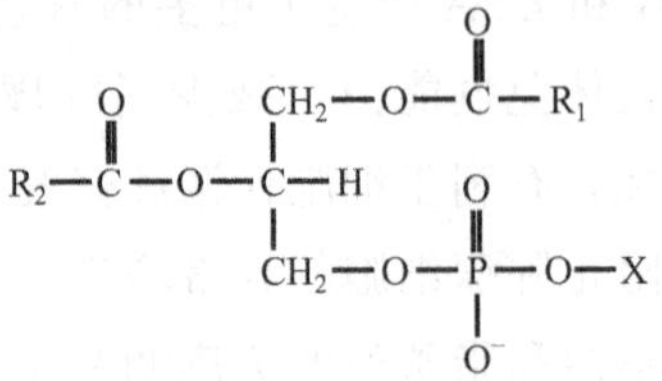　　　　　　　甘油醇磷脂的通式[Ⅱ]

上式中 R_1、R_2 表示脂酰基的碳氢基，X 表示氮碱基或其他化学基团，如肌醇。1、2、3 表示甘油的碳位。

① 卵磷脂（磷脂酰胆碱）：卵磷脂分子含甘油、脂酸、磷酸、胆碱等基团。甘油三酯的脂酰基被磷酸胆碱基取代。自然界存在的卵磷脂为 L-α-卵磷脂，其结构式如下。

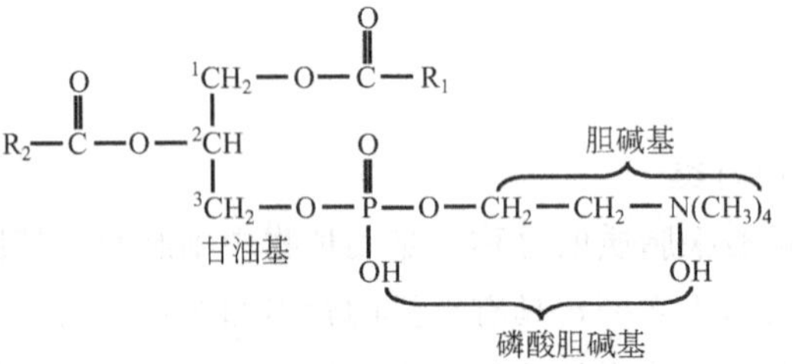

L-α-卵磷脂
(3-sn-磷脂酰胆碱)

上式中 R_1（或 R_2）—CO—是脂酰基。卵磷脂有 α 型与 β 型之分。α 型即磷酸胆碱连接在甘油基的第 3 碳位上，β 型则连接在第 2 碳位上。R_2—CO—基在甘油碳链左边则称为 L-α-卵磷脂。其两性离解形式如下。

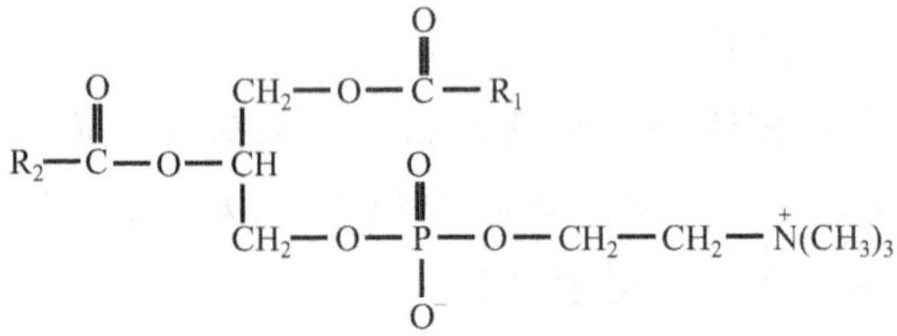

L-α-卵磷脂(两性离子型)

卵磷脂分子中的脂肪酸随不同磷脂而异。天然卵磷脂常常是含有不同脂肪酸的几种卵磷脂的混合物。在卵磷脂分子的脂肪酸中，常见的有软脂酸、硬脂酸、油酸、亚油酸、亚麻酸和花生四烯酸等。α 位的脂肪酸（R_1CO—）通常是饱和脂肪酸，而 β 位的（R_2CO—）通常是不饱和脂肪酸。

由于磷脂酰胆碱有极性，易与水相吸，形成极性端，而脂肪酸碳氢链为疏水端，因此卵磷脂等其他几种磷脂是很好的天然乳化剂，在食品工业中具有重要作用。

② 脑磷脂（氨基乙醇磷脂、丝氨酸磷脂）：脑磷脂是脑组织和神经组织中提取

的磷脂，心、肝及其他组织中也含有，常与卵磷脂共同存在于组织中。脑磷脂至少有两种以上，已知的有氨基乙醇磷脂和丝氨酸磷脂，这两种脑磷脂的结构与卵磷脂的相似，只是分别以氨基乙醇或丝氨酸代替胆碱的位置，以其羟基与磷酸脱水结合。

③ 肌醇磷脂（磷脂酰肌醇）：肌醇磷脂是一类由磷脂酸与肌醇结合的脂质，结构与卵磷脂、脑磷脂相似，是由肌醇代替胆碱位置构成。肌醇磷脂除下面的一磷酸肌醇磷脂外，还发现有二、三磷酸肌醇磷脂。

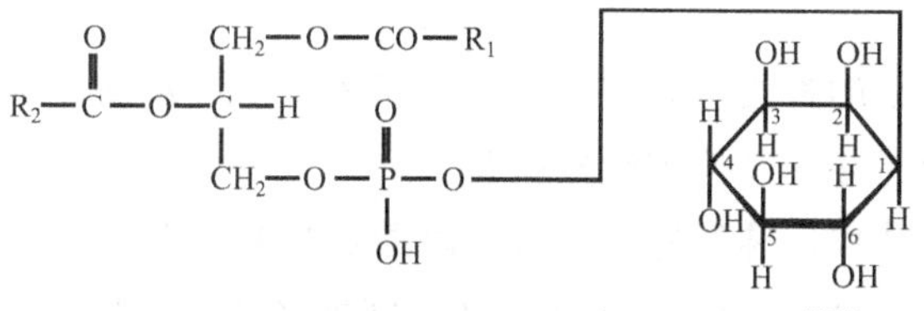

肌醇磷脂(一磷酸肌醇磷脂)　　　　　　　m-肌醇

肌醇磷脂存在于多种动植物组织中，心肌及肝脏含一磷酸肌醇磷脂，脑组织中含三磷酸肌醇磷脂较多。

④ 缩醛磷脂：这类磷脂的特点是经酸处理后产生一个长链脂性醛，它代替了典型的磷脂结构中的一个脂酰基，分子式如下。

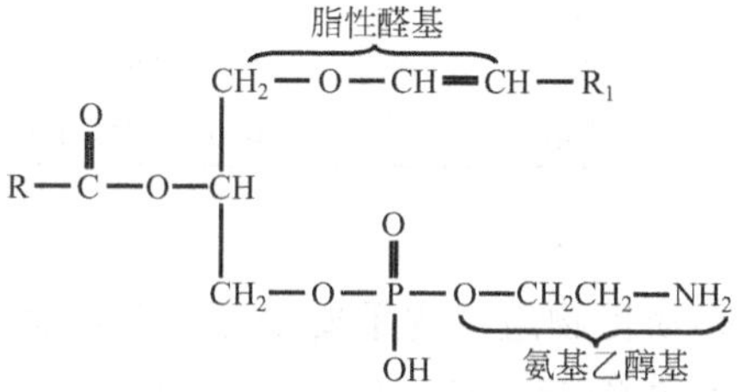

氨乙醇缩醛磷脂

上式中 R_1 代表饱和碳氢链。2 位上的脂肪酸大部分是不饱和脂肪酸。氨基乙醇缩醛磷脂是常见的一种。有的缩醛磷脂的脂性醛基在 β 位上，也有的不含氨基乙醇基而含胆碱基。

⑤ 心肌磷脂：心肌磷脂有由两分子磷脂酸与一分子甘油结合而成的磷脂，故又称为二磷脂酰甘油或多甘油磷脂。其结构式如下。

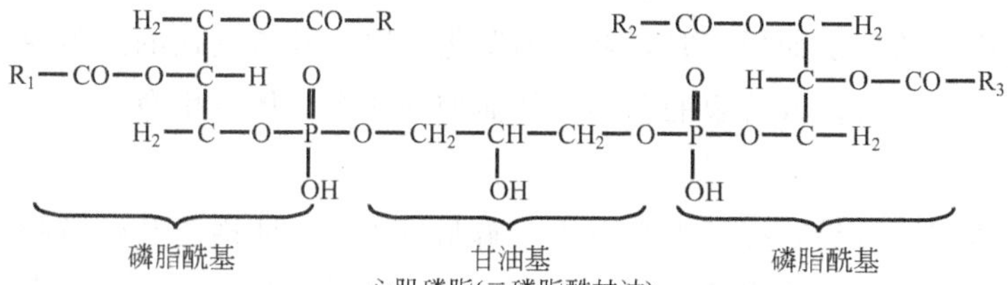

磷脂酰基　　　　　甘油基　　　　　磷脂酰基
心肌磷脂(二磷脂酰甘油)

（2）神经氨基醇磷脂 神经氨基醇磷脂是神经醇、脂酸、磷酸与胆碱组成的脂质。它同甘油醇磷脂的差异是醇，即一个是甘油醇，另一个是神经醇，且脂肪酸是与氨基相连的。其结构通式如下。

$$CH_3(CH_2)_{12}-C=C\left\langle \begin{array}{l} H \\ CH-CH-CH_2-O-\overset{\overset{O}{\|}}{\underset{\underset{O^-}{\|}}{P}}-O-X \\ \quad | \quad\ | \\ \quad OH\ NH \\ \quad\quad\ | \\ \quad\quad\ C=O \\ \quad\quad\ | \\ \quad\quad\ R \end{array}\right.$$

神经醇磷脂通式

神经氨基醇磷脂的种类不如甘油醇磷脂那么多，除分布于细胞膜的神经鞘磷脂外，生物体中可能还存在其他神经醇磷脂。

神经醇磷脂的结构由神经醇、脂酸、磷酸及胆碱所组成。在神经磷脂中发现的脂肪酸有 C_{16}、C_{18}、C_{24} 酸及 C_{24} 烯酸，随不同神经磷脂而异。

表 2-8 介绍了卵磷脂、脑磷脂和神经磷脂的溶解性，它们的溶解性不同，在食品、医药等行业的分离、提取、纯化磷脂过程中具有重要作用。

表 2-8　各种磷脂的溶解度

磷 脂	溶解度		
	乙 醚	乙 醇	丙 酮
卵磷脂	溶	溶	不溶
脑磷脂	溶	不溶	不溶
神经磷脂	不溶	溶（在热乙醇中）	不溶

3. 磷脂的生理功能

磷脂是构成人和许多动植物组织的重要成分，在生命活动中发挥着重要的功能作用。磷脂是重要的两亲物质，具有乳化性，是工业上重要的乳化剂和表面活性剂，同时，磷脂还具有缓解粥状动脉硬化、高血压病、高胆固醇血症、肝功能障碍、肥胖症等的作用。因此，开发富含磷脂的功能食品具有广阔的市场前景。

磷脂的生理功能主要表现在以下几方面。

（1）修复生物膜损伤 卵磷脂是构成细胞的重要成分，是各种脂蛋白的主要成分以及各种生物膜（如细胞质膜、核膜、线粒体膜、内质网等）的基本结构。当生物膜受到自由基的攻击而损伤时，补充卵磷脂可以修补被损伤的细胞膜，增加细胞膜的脂肪酸不饱和度，改善膜的功能，从而增强整个人体的生命活力，从根本上延缓衰老。

（2）促进神经传导，提高大脑活力 磷脂酰胆碱（卵磷脂和鞘磷脂）是乙酰胆碱生成的前提物质。食物中的磷脂被机体消化吸收后释放出胆碱，随血液循环系统送至大脑，与大脑中的乙酸结合生成乙酰胆碱。当大脑中乙酰胆碱含量增加时，大脑神经细胞之间的信息传递速度加快，记忆力功能得以增强，大脑的活力也明显提高。因此，磷脂和胆碱可促进大脑组织和神经系统的健康完善，提高记忆力，增强智力。由于人体不能合成足够量的胆碱，因此需要有食物供给。

（3）促进脂肪代谢，对脂肪肝有预防和治疗作用　磷脂中的胆碱对脂肪有亲和力，可促进脂肪以磷脂形式由肝脏通过血液输送出去或改善脂肪酸本身在肝中的利用，并防止脂肪在肝脏里的异常积聚。如果没有胆碱，脂肪聚积在肝中出现脂肪肝，阻碍肝正常功能的发挥，严重的可诱发肝癌。所以，适量补充磷脂既可以防止脂肪肝，又能促进肝细胞再生。

（4）降低血清胆固醇、改善血液循环、预防心血管疾病　磷脂具有乳化性，因而能降低血液黏度，促进血液循环，改善血液供氧循环，延长红细胞生存时间并增强造血功能。补充磷脂后，血色素含量增加，贫血症状有所减少。此外，磷脂能阻止胆固醇在血管内壁的沉积并清除部分沉积物，同时改善脂肪的吸收与利用，因此具有预防心血管疾病的作用。

（5）其他生理功能　磷脂还有其他一些功效，如：作为胆碱供给源，可改善并且提高神经机能；促进脂溶性维生素的吸收；对胃黏膜具有保护作用等。

三、脂肪替代品

随着生活水平的提高，消费者对食品中脂肪含量越来越敏感，低脂、低热食品的市场需求日渐扩大，但无脂产品粗糙的口感让消费者无法满足，脂肪替代品便因此应运而生。脂肪替代品部分或完全代替脂肪在合理膳食方面有着突出的优越性。近年来脂肪替代品发展很快，市场上已有多种替代品，但由于相关研究起步较晚，脂肪替代品的应用在一些领域尚属初始阶段，所以完全取代脂肪功能特性与感官特性仍需要进一步研究。

（一）脂肪替代品的定义和分类

1. 脂肪替代品的定义

目前，脂肪替代品尚未有明确的完整学术定义。理想的脂肪代用品具有以下特征：具有与天然油脂相似的口感；无色无味；稳定性好，不与其他营养成分发生相互作用；不至于影响其他营养物质的吸收或对营养物质生理作用的发挥起副作用；在体内代谢的过程中，不产生生理性副作用。基于以上原因将脂肪替代物定义如下：是一类加入到低脂或无脂食品中，使它们具有与同类全脂食品相同或相近的感官效果的物质。

2. 脂肪替代品的分类

脂肪替代物通常可以分成两类：一类是以大分子脂质、合成脂肪酸酯为主的代脂肪，这类代脂肪由于性质和脂肪相近，所以可以完全取代脂肪；另一类是以其他高分子化合物模拟脂肪性状而合成的脂肪模拟物，由于这类物质在生产合成过程中会网罗一定的水分，因此在高温的条件下容易焦化，不能完全取代脂肪。目前随着对脂肪替代物研究的逐步深入，按照其组成成分又主要分为脂肪型脂肪替代品、蛋白质型脂肪替代品及碳水化合物型脂肪替代品这三大类。

（二）国内外已开发的脂肪替代品

1. 脂肪型脂肪替代品

（1）蔗糖脂肪酸聚酯　目前应用最为成熟的是 Procter&Gamble 公司生产的蔗糖脂肪酸聚酯（Olestra），它是蔗糖与 6～8 个长链脂肪酸酯化的产物。由于含脂肪酸较多，消化酶不能接近脂肪酸的支链，使大分子的 Olestra 不能被吸收，故不增加食品的热量。Olestra 具有传统脂肪的亲脂性，可以溶解一定量的胆固醇，再加上蔗糖聚酯的不吸收性，从而降低了对胆固醇的吸收。

蔗糖聚酯也有着一定的副作用。由于它通过消化道后没有被分解吸收，其又是脂溶性的，对消化道有一定潜在的影响，如腹痛、大便变软或腹泻、减少脂溶性维生素和一些营养物质的吸收。因此 FDA 规定在含有 Olestra 的食品标签上一定注明"本产品含有 Olestra，可能引起腹痛和腹泻，Olestra 抑制一些维生素和营养素的吸收，本品添加了维生素 A、维生素 D、维生素 E、维生素 K"。

（2）Benefat　Benefat 是一种由非吸收性长链脂肪酸和两条短链脂肪酸在一起结合而成的甘油三酯。其所提供的热量仅仅是普通甘油三酯的 55%，因此它是一个可以被接受的脂肪的替代品。感官试验表明在蛋糕中用 Benfat 对脂肪进行少量替换和半数替换，蛋糕含水性、外观偏好程度、可压缩性、黏结性、剪切力以及起泡度等方面没有显著差异，而 100% 用 Benefat 替代脂肪，会减少蛋糕的嫩度、水分含量、外观偏好程度、可压缩性、黏结性和密度。

（3）共轭亚油酸（CLA）　共轭亚油酸（CLA）是亚油酸的同分异构体，是一系列在碳 9、11 或 10、12 位置具有双键的亚油酸和几何异构体，是普遍存在于人和动物体内的营养物质。目前对于 CLA 研究的重点是如何在食品中添加更少的CLA，以期在保证食品营养性功能性的同时，还能提高肉制品的乳化稳定性和紧实程度。

2. 蛋白质型脂肪替代品

蛋白质型脂肪替代物原料的制备方法主要是将大豆蛋白、牛乳蛋白、鸡蛋白、玉米醇溶蛋白等蛋白质原料通过加热，高速剪切等物理方法，使其形成浓厚紧凑的质地及连续性的基质，这些基质可以代替脂肪在食品中形成良好的组织结构。表2-9 列出了一些以蛋白质为基质的脂肪替代品。

表 2-9　以蛋白质为基质的脂肪替代品商品

生产商	商品名称	原料	功能
American Dairy Specialites	CMP-1 Compelete Milk Protein	全部牛乳蛋白	增强持油性
AMPC Inc	AMP 800	乳清蛋白浓缩物	质构口感、拟油性
Calpro Ingredients	Calpro75	乳清蛋白浓缩物	水/泡沫/乳化、稳定性、容积
Opta Food Ingredients	LITA	玉米醇溶蛋白	质构、拟油性
Kraft General Foods	Traiblazer	鸡蛋蛋白、乳蛋白与汉生胶	质构、拟油性
Nutra Sweet CO	Sinplesse100		容积、质构、口感、不透明性、黏性、拟奶油性
	Sinplesse100-Dry	乳清蛋白与鸡蛋蛋白	拟制胶体脱水收缩、持水
	Sinplesse100-Grade A		

蛋白质基脂肪替代物一般用于酸乳、人造黄油及冷冻点心等乳制品和焙烤食品，但不适用于油炸食品。在欧美，香肠有着广阔的市场，因而研究将脂肪替代物用于香肠产品的研究结果很丰富。在亚洲，将脂肪替代物用于传统肉丸同样有着很好的作用，例如将乳清蛋白浓缩物作为脂肪替代品加入贡丸中，产品表现出更好的持水性，而加入大豆蛋白基脂肪替代物时可形成更高的黏弹性。

3. 碳水化合物型脂肪替代品

碳水化合物在食品中作为部分或完全脂肪替代物已有多年历史，是目前销售最为普遍的一类脂肪替代品。豆薯淀粉、玉米淀粉、豌豆淀粉、β-葡聚糖、米糠纤维、葡聚糖、燕麦大麦提取物、麦芽糊精、果胶等与水结合后，在食品中可提供类似脂肪的功能特性。

（1）淀粉基脂肪替代品　淀粉基脂肪替代物是利用米粉，豆粉或者薯粉等原料经过酶法或者酸法的水解，成为糊精，或者进行氧化或交联处理后，形成低 DE 值的产物，这种产物具有凝胶状的基质，因而可以网罗水分子，形成交联的网络以模仿脂肪的口感和状态。有研究表明大米淀粉基脂肪替代物的凝胶强度要低于淀粉基脂肪替代物。而在增加了组分中蛋白的情况下凝胶强度会增加。淀粉基脂肪替代物一般用于乳制品和焙烤食品制备。

（2）纤维素　用作脂肪替代物使的纤维素一般以植物纤维为主，通过物理粉碎或者化学分解等过程进行制备，加入产品后，产品的硬度、黏度升高；加入肉制品中后，烹调损失以及肉的乳化能力都有了提高。

（3）葡聚糖　葡聚糖又称右旋糖酐，存在于某些微生物在生长过程中分泌的黏液中。具有较高的分子量，主要由 D-葡萄吡喃糖以 α-(1→6)-键连接，支链点以 1→2、1→3、1→4 连接。近年来，葡聚糖作为脂肪替代品被广泛添加于饼干、馅饼、蛋黄酱等多种食品中，由于其在食品中可形成一种松散网络状小液滴，所以将葡聚糖同甘油单硬脂酸酯或瓜尔胶联合使用可以改进面团的特性。

（4）动植物胶类　动植物胶类是高分子质量的一类碳水化合物，常用的有卡拉胶、黄原胶、瓜尔胶、阿拉伯树胶和果胶等。它们多作为增稠剂和稳定剂，用于色拉调味料、焙烤食品、乳制品、冰淇淋、汤类中。将几种胶进行复配，脂肪模拟效果更好。

第四节　其他活性成分

一、维生素

维生素是维持人体正常物质代谢和某些特殊生理功能不可缺少的一类低分子有机化合物，它们不能在体内合成，或者所合成的量难以满足机体的需要，所以必须由食物供给。维生素的每日需要量非常少（常以 mg 或 μg 计），它们既不是机体的组成成分，也不能提供热量，然而在调节物质代谢、促进生长发育和维持生理功能等方面却发挥着重要作用，如果机体长期缺乏某种维生素就会导致维生素缺乏症。

维生素按照其溶解性质的不同可以大致分为两类：脂溶性维生素和水溶性维生素。脂溶性维生素的排泄效率不高，摄入过多会在体内蓄积而导致中毒，水溶性维生素的排泄效率高，一般不在体内蓄积。脂溶性维生素包括维生素 A（视黄醇）、维生素 D（钙化醇）、维生素 E（生育酚）、维生素 K（凝血维生素）。水溶性维生素包括维生素 B_1（硫胺素）、维生素 B_2（核黄素）、维生素 PP（尼克酸及尼克酰胺）、维生素 B_6（吡哆醇及其醛、胺衍生物）、泛酸、生物素、叶酸、维生素 B_{12}（钴胺素）、维生素 C（抗坏血酸）、维生素 P（通透性维生素）。

大部分维生素的生化功能已经被研究清楚。通常来说维生素是辅酶的主要或者唯一的组成成分。辅酶可以看作是促进生化反应进行的酶复合体的一部分。只有酶和辅酶同时存在的时候，生化反应才能正常进行。

（一）脂溶性维生素

脂溶性维生素有维生素 A、维生素 D、维生素 E 和维生素 K 四种，可溶解于脂肪及乙醚、氯仿等有机溶剂，储存于体内的脂肪组织内，它们在肠道中的吸收与脂肪的存在有密切关系。本节内容主要介绍脂溶性维生素的分类、理化性质及生理功能等内容。

1. 维生素 A

维生素 A 是指含有 β-白芷酮环结构的多烯基结构，并具有视黄醇生物活性的一大类物质，有视黄醇（维生素 A_1）和脱氢视黄醇（维生素 A_2）两种存在形式。

维生素 A_1 存在于哺乳动物和咸水鱼肝脏中，而维生素 A_2 发现在淡水鱼肝油中，其生理活性仅为维生素 A_1 的 40%。从化学结构上比较，维生素 A_2 在 β-紫罗酮环上比 A_1 多一个双键。

动物性食品（肝、蛋、肉）中含有丰富的维生素 A，但是存在于植物性食品如胡萝卜、红辣椒、菠菜等有色蔬菜和动物性食品中的各种类胡萝卜素（carotenoid）也具有维生素 A 的功效，将它们称做"维生素 A 原"。

大量医学资料表明，维生素 A 的生理功能主要表现在以下几个方面。

① 构成视网膜的感光物质，即视色素。

② 维持上皮组织细胞的正常功能。

③ 促进骨骼、牙齿和机体的生长发育。

④ 维生素 A 是重要的自由基清除剂，可延缓衰老、预防肿瘤。

⑤ 提高机体免疫力。

2. 维生素 D

维生素 D 又称钙化醇、麦角甾醇、麦角骨化醇、抗佝偻病维生素，是固醇类的衍生物。维生素 D 主要包括维生素 D_2 和维生素 D_3。维生素 D_2 或麦角钙化醇由麦角固醇经阳光照射后转变而成。维生素 D_3 或胆钙化醇（cholecalciferol）由 7-脱氢胆固醇经紫外线照射而成。所以，人体所需的维生素 D 大部分均可由阳光照射而得到满足，只有少量的从食物中摄取。鱼、奶油、蛋黄等食品中含有丰富的维生素 D。

维生素 D 的生理功能主要体现在以下几方面。

（1）促进钙、磷的吸收，维持正常血钙水平和磷酸盐水平。

（2）促进骨骼和牙齿的生长发育。

（3）调节柠檬酸代谢，维持血液中正常的柠檬酸水平。

（4）影响氨基酸的吸收，维持血液中正常的氨基酸浓度。

维生素 D 缺乏时人体吸收钙、磷能力下降，钙、磷不能在骨组织内沉积，成骨作用受阻。在婴儿和儿童，上述情况可使新形成的骨组织和软骨基质不能进行矿化，从而引起骨生长障碍，即所谓佝偻病。钙化不良的一个后果是佝偻病患者的骨骼异常疏松，而且由于支撑重力负荷和紧张而产生该病的特征性畸形。

对于成人，维生素 D 缺乏引起骨软化病或成人佝偻病，最多见于钙的需要量增大时。如妊娠期或哺乳期。该病特点是骨质密度普遍降低。它与骨质疏松症不同，该病骨骼的异常在于包含过量未钙化的基质。而骨骼的显著畸形见于疾病的晚期阶段。

需特别指出的是，服用维生素 D 过量，可使血钙浓度上升，钙质在骨骼内过度沉积，并使肾脏等器官发生钙化。成人每日摄入 $2500\mu g$，儿童每日摄入 $500\sim 1250\mu g$，数周后即可发生中毒。

3. 维生素 E

维生素 E 又称生育酚，多存在于植物组织中。有 α、β、γ、δ 型等，其中以 α-生育酚的生理效用最强。维生素 E 为微黄色和黄色透明的黏稠液体；几无臭，遇光色泽变深，对氧敏感，易被氧化，故在体内可保护其他可被氧化的物质（如不饱和脂肪酸、维生素 A），是一种天然有效的抗氧化剂。在无氧状况下能耐高热，并对酸和碱有一定抗力。接触空气或紫外线照射则缓缓氧化变质。维生素 E 被氧化后就会失去生理活性。

维生素 E 对人体有非常重要的生理功能，主要体现在以下几方面。

① 具有抗衰老作用：维生素 E 可增强细胞的抗氧化作用，在体内能阻止多价不饱和脂肪酸的过氧化反应，抑制过氧化脂质的生成，减少对机体的损害，有一定的抗衰老作用。

② 参与多种酶活动，维持和促进生殖机能。

③ 提高机体免疫功能。

④ 防止动脉粥样硬化。

因为不少食物中含维生素 E，故几乎没有发现维生素 E 缺乏引起的疾病。维生素 E 含量丰富的食品有植物油、麦胚、坚果、种子类、豆类及其他谷类；肉、鱼类动物性食品、水果及其他蔬菜中含量很少。

4. 维生素 K

维生素 K 具有凝血能力，又称为凝血维生素，包括维生素 K_1、维生素 K_2、维生素 K_3 和维生素 K_4，是甲萘醌衍生物的总称。

它溶于有机溶剂，对热和空气较稳定，但在光照碱性条件下易被破坏。维生素 K 在凝血酶原（因子 Ⅱ）和凝血因子 Ⅶ、Ⅸ、Ⅹ 的合成中是必需的复合因子。维生素 K 还有助于无活性蛋白质的谷氨酸残基的 γ-羧化作用，这些羧化谷氨酸残基对钙和磷酸酯与凝血酶原的结合是必要的。

维生素 K 缺乏的症状是由于凝血酶原和其他凝血因子不足导致继发性出血，包括伤口出血、大块皮下出血和中枢神经系统出血。新生儿的维生素 K 往往呈现不足。健康成人一般不会出现原发性维生素 K 缺乏，营养化学家们也认为一般人并不需要补充维生素 K，正常的饮食足可提供足够的维生素 K，人的小肠细菌也可以合成它。

在深绿色蔬菜中含有丰富的维生素 K，如紫苜蓿、菠菜、卷心菜等以及动物的肉、蛋、乳，或者多吃富含乳酸菌的食品。

（二）水溶性维生素

水溶性维生素都溶于水，它们包括维生素 C 和 B 族维生素。B 族维生素包括

维生素 B_1（硫胺素）、维生素 B_2（核黄素）、烟酸和烟酰胺、维生素 B_6、泛酸、叶酸、生物素、维生素 B_{12} 等，其共同特点是：在自然界常共存，最丰富的来源是酵母和肝脏；是人体所必需的营养物质；同其他维生素比较，B 族维生素作为酶的辅基（表 2-10），参与碳水化合物的代谢；从化学结构上看，除个别例外，大都含氮；从性质上看此类维生素大多易溶于水，对酸稳定，易被碱破坏。

表 2-10　含有 B 族维生素的辅酶

维生素	辅酶	转移基团
尼克酰胺	辅酶Ⅰ（NAD^+）	氢原子
尼克酰胺	辅酶Ⅱ（$NADP^+$）	氢原子
维生素 B_2（核黄素）	黄素单核苷酸（FMN）	氢原子
维生素 B_2（核黄素）	黄素腺嘌呤二核苷酸（FAD）	氢原子
维生素 B_1（硫胺素）	焦磷酸硫胺素（TPP）	醛类
泛酸	辅酶 A（HsCoA 或 CoA）	酰基
维生素 B_{12}（钴胺素）	钴胺素辅酶	烷基
生物素	生物胞素（ε-N-生物素酰-1-赖氨酸）	CO_2
维生素 B_6	磷酸吡哆醛	氨基
叶酸	四氢叶酸辅酶类	一碳化合物

1. 维生素 C

维生素 C 又名抗坏血酸（ascorbic acid），它是含有内酯结构的多元醇类，其特点是具有可解离出 H^+ 的烯醇式羟基，因而其水溶液有较强的酸性。它主要存在于新鲜水果及蔬菜中。水果中以猕猴桃含量最多，在柠檬、橘子和橙子中含量也非常丰富；蔬菜以辣椒中的含量最丰富，在番茄、甘蓝、萝卜、青菜中含量也十分丰富；野生植物以刺梨中的含量最丰富，每 100g 中含 2800mg，有"维生素 C 王"之称。

维生素 C 可脱氢而被氧化，氧化型维生素 C 还可接受氢而被还原。同时，脱氢抗坏血酸会进一步水解，形成产物 2,3-二酮古洛糖酸，在有氧的条件下，古洛糖酸被氧化为草酸和 L-苏阿糖酸（图 2-9）。由于抗坏血酸能够降低食品体系中的氧气含量，可以保护食品中其他易氧化的物质被氧化；可以还原邻位醌类而抑制食

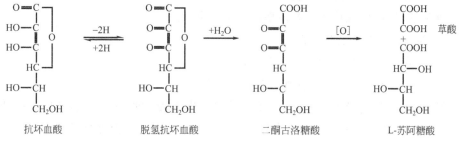

图 2-9　抗坏血酸的氧化

品加工的酶促褐变，因此，在食品中，抗坏血酸具有广泛的用途。

维生素 C 在机体中的生理功能主要有以下几方面。

① 可辅助抑制肿瘤的作用。

② 具有抗氧化作用，减少自由基对身体的损害。

③ 增强机体对外界环境的抗应激能力和免疫力。

④ 保护牙齿、骨骼，增加血管壁弹性。

⑤ 防治坏血病。

⑥ 预防脑卒中发作。

维生素 C 是最容易缺乏的维生素之一。缺乏维生素 C 的直接后果是坏血病，表现为疲劳、倦怠、容易感冒。典型症状是牙龈肿胀出血、牙床溃烂、牙齿松动，毛细血管脆性增加。虽然维生素 C 是无毒的营养素，但近年来发现摄入过多的维生素 C 对身体也有一定的损伤，会诱发尿路结石，加速动脉硬化的发生。对一个健康人来说，每日维生素 C 的需要量为 $50\sim150\text{mg}$，适当吃一些富含维生素 C 的新鲜水果和蔬菜即可满足人体每天对维生素 C 的需要。用维生素 C 制剂来代替水果、蔬菜更是不可取的。

2. 维生素 B_1

维生素 B_1（硫胺素）是 B 族维生素家族中重要的一个成员，大多以盐酸盐或硫酸盐的形式存在。它在体内的辅酶形式为硫胺素焦磷酸，催化 α-酮酸脱羧。维生素 B_1 为白色结晶，有酵母的香味，易溶解于水，在体内可游离存在，也可与脂肪酸成酯。耐热，对空气中的氧稳定，在酸性介质中非常稳定，但在碱性介质中很容易被破坏。氧化剂及还原剂均可使其失去作用，维生素 B_1 经氧化后转变为脱氢硫胺素（又称硫色素）。

维生素 B_1 的降解受到热、pH 值、水分等因素的影响。它的热降解主要是分子中亚甲基桥的断裂，其反应速率受到 pH 值和反应介质的影响。在酸性条件下（pH$<$6），维生素 B_1 的热降解速率较为缓慢，亚甲基桥断裂时释放出完整的嘧啶和噻唑组分；在 pH 6$\sim$7 时，维生素 B_1 的降解速率有所上升，噻唑环断裂程度增加；pH 值达到 8 时，降解产物中几乎没有完整的噻唑环。

维生素 B_1 的生理功能主要体现在以下几个方面。

① 参与糖代谢和能量代谢。

② 维持神经与消化系统的正常功能。

③ 促进胃肠蠕动，改善便秘，促进生长发育。

维生素 B_1 长期摄入不足而引起的营养不良性疾病（脚气病）多发生于以精白米为主食的地区，主要病变为多发性周围神经炎、水肿、心肌变性等。

含维生素 B_1 丰富的食物有粮谷、豆类、酵母、干果、坚果、动物内脏、蛋类、瘦猪肉、乳类、蔬菜、水果等；在谷类食物中，全粒谷物含维生素 B_1 较丰富，杂粮中的维生素 B_1 也较多，可作为供给维生素 B_1 的主要来源，但是一定要注意加工烹调方法，否则损失太多，同样引起缺乏病。

3. 维生素 B_2（核黄素）

维生素 B_2 为黄褐色针状结晶，溶解度较小，溶于水呈绿色荧光，在 280℃ 时始被分解。植物能合成维生素 B_2，动物一般不能合成，必须由食物供给，但在哺乳动物肠道中的微生物可以合成并为动物吸收，但其量甚微，不能满足需要。

生物活性形式是黄素单核苷酸（FMN）和黄素腺嘌呤二核苷酸（FAD）两种黄素辅酶，这两种辅酶与多种蛋白结合形成黄素蛋白，参与机体的生物氧化反应及能量代谢。

维生素 B_2 是机体必需的微量营养素之一，具有广泛的生理功能，当维生素 B_2 缺乏时，主要表现为口角炎、舌炎、口腔炎、眼结膜炎、脂溢性皮炎、阴囊炎等症状。然而，近年最新研究认为维生素 B_2 还有利尿消肿、防治肿瘤、降低心脑血管病的功效。大量的流行病学和动物实验资料表明，维生素 B_2 等微量营养素具有防癌作用。维生素 B_2 对维持哺乳动物正常生殖功能也具有重要作用。

4. 烟酸

烟酸又称为尼克酸或维生素 PP，是吡啶-3-甲酸和具有类似的维生素活性的衍生物的总称。烟酸的衍生物是烟酰胺（即尼克酰胺），结构式如下。

尼克酸　　　　　尼克酰胺

烟酸是 B 族维生素中最稳定的化合物，对热、光、空气、酸及碱都不是很敏感；烹调时，烟酸在混合膳食中损失的量通常不超过 $15\% \sim 25\%$。

烟酸的生理功能主要在于作为 NAD 和 NADP 的组成成分参与碳水化合物、脂肪和蛋白质的代谢。此外，烟酸还可使血液中胆固醇水平下降。烟酸还有扩张血管的作用，包括脸红、颈部发热、对热敏感、麻刺感和瘙痒。烟酸缺乏时主要表现为癞皮病，三个方面的体征：皮炎（dermatitis）、腹泻（diarrhea）和痴呆（dementia），可作为糙皮病的确诊依据。这三个特征的英文名字以 D 开头，故又被称为"三 D 症状"。

富含烟酸的食物：动物肝脏与肾脏、瘦肉、全麦制品、啤酒酵母、麦芽、鱼、卵、炒花生、白色的家禽肉、鳄梨、枣椰、无花果、干李。

5. 维生素 B_6

维生素 B_6 的基本结构是 2-甲基-3-羟基甲基吡啶，包括三种形式：吡哆醇、吡哆醛和吡哆胺。吡哆醛及吡哆胺磷酸化后变成辅酶，磷酸吡哆醛（PLP）及磷酸吡哆胺（PMP）是多种氨基酸的辅酶，参与多种代谢。吡哆醇、吡哆醛和吡哆胺在体内可以相互转变（图 2-10）。

图 2-10　维生素 B_6 的三种形式的互变

维生素 B_6 是人体色氨酸、脂肪和糖代谢的必需物质，其生理作用表现为：在蛋白质代谢中参与氨基酸的代谢；可将色氨酸转化为烟酸；参与脂肪代谢，可降低血中胆固醇的含量。最新研究认为维生素 B_6 可以预防肾结石；维生素 B_6 可降低心脏发病率，但机制尚不明确。缺乏维生素 B_6 时表现为口炎、口唇干裂、舌炎、易激惹、抑郁、脂溢性皮肤炎、免疫力下降等。人体肠道菌群可大量合成。此外，维生素 B_6 涉及原血红素（heme）的合成，故缺乏维生素 B_6 时，亦会造成人体或动物的贫血。

维生素 B_6 一般无毒，但孕妇过量服用，可致胎儿畸形。维生素 B_6 存在于各种动植物食品中，在肉、乳、蛋黄以及鱼中含量居多。

6. 叶酸

叶酸又名蝶酰谷氨酸、维生素 M，由蝶酸和谷氨酸结合构成，因在植物绿叶中含量丰富而得名。在动物组织中以肝脏叶酸含量最为丰富。叶酸为一种黄色或橙黄色结晶性粉末，无臭、无味，紫外线可使其溶液失去活性，碱性溶液容易被氧化，在酸性溶液中对热不稳定，微溶于水、乙醇等溶剂。天然存在的叶酸是很少的，而大多是以叶酸盐（folate）的形式存在。

叶酸具有特殊的生理功能，已经受到医学界和营养学界的普遍关注，其生理作用主要有：叶酸是蛋白质和核酸合成的必需因子，在细胞分裂和繁殖中起重要作用；血红蛋白的结构物卟啉基的形成、红细胞和白细胞的快速增生都需要叶酸参与；使甘氨酸和丝氨酸相互转化，使苯丙氨酸形成酪氨酸，组氨酸形成谷氨酸，使半胱氨酸形成蛋氨酸；参与大脑中长链脂肪酸如 DHA 的代谢，肌酸和肾上腺素的合成等；使酒精中乙醇胺合成为胆碱。

由于不适当的食品加工和膳食结构，叶酸是最容易缺乏的维生素之一。婴儿缺乏叶酸时会引起有核巨幼红细胞性贫血，孕妇缺乏叶酸时会引起巨幼红细胞性贫血。孕妇在怀孕早期如缺乏叶酸，其生出畸形儿的可能性较大。膳食中缺乏叶酸将使血中半胱氨酸水平提高，易引起动脉硬化。膳食中摄入叶酸不足，易诱发结肠癌和乳腺癌。

人类自己不能合成叶酸，必须依靠食物中的叶酸加以消化而吸收。叶酸类的许多种化合物广泛分布于多种生物中。许多种植物的绿叶均能合成叶酸。各种绿叶蔬菜如菠菜、青菜、花椰菜，各种瓜、豆，水果如香蕉、柠檬；动物食物如肝、肾、乳制品等均含有丰富的叶酸。许多种细菌包括肠道细菌能将蝶啶、对氨基苯甲酸及谷氨酸结合成叶酸。酵母也含有丰富的叶酸。一般食物中虽然叶酸含量很丰富，但烹饪，特别是将食物在大量水中烹煮过久，能将大部分叶酸破坏。

7. 维生素 B_{12}

维生素 B_{12} 是具有氰钴胺素相似维生素活性的化合物总称，是维生素中结构较复杂的种类之一，也是唯一含有金属元素的维生素。氰钴胺在自然界中存在很少，大多为人工合成品，是一种红色结晶，无臭，无味，具有较强的引湿性。在水或乙醇中略溶，在丙酮、氯仿或乙醚中溶。化学性质非常稳定，但重金属和还原剂可以使其破坏，可用于食品的强化和营养补充。

其主要生理功能有：促进红细胞的发育和成熟，使肌体造血机能处于正常状态，预防恶性贫血；促进碳水化合物、脂肪和蛋白质代谢；具有活化氨基酸的作用和促进核酸的生物合成，可促进蛋白质的合成，对婴幼儿的生长发育有重要作用。

维生素 B_{12} 主要来源于动物食品，如动物内脏、肉类、贝壳类及蛋类，牛乳及乳制品；植物性食品中基本不含维生素 B_{12}。因此，对一些素食主义者，要注意补充适量的维生素 B_{12}。而在一般的食品加工和储藏过程中，维生素 B_{12} 的损失非常小。

8. 生物素

生物素是带有双环的水溶性维生素，包括含硫的噻吩环、尿素和戊酸三部分。生物素是脂肪和蛋白质的正常代谢不可缺少的物质。生物素的化学结构如下。

生物素

自然界中的生物素存在两种形式，α-生物素和β-生物素，两者具有同样的生理功能，广泛分布在动植物中。生物素在各种食物中分布广泛，并且人体肠道细菌也能合成供人体需要，因此人体极少缺乏。生鸡蛋中因为含有抗生物素蛋白因子，故常吃生鸡蛋会导致生物素缺乏。磺胺药物和广谱抗生素用量多时，也可能会造成生物素缺乏。成人生物素缺乏症状有脱发、厌食、精神抑郁、部分记忆缺乏、皮炎等，婴儿则可发生脂溢性皮炎。国外报道初生婴儿的脂溢性皮炎可能与缺乏生物素有关。

富含生物素的食物有牛乳、水果、啤酒酵母、牛肝、蛋黄、动物肾脏、糙米。

9. 泛酸

泛酸是食物中分布很广的一种维生素，也是辅酶 A 的一个必要组成部分，它对许多酶起转酰基辅因子的作用。泛酸在机体组织内是与巯基乙胺、焦磷酸及 3'-磷酸腺苷结合成为辅酶 A 而起作用的。泛酸在 pH 值为 5～7 的水溶液中最为稳定，低水分活度的食品中泛酸的稳定性也较好，但遇酸或碱则水解。

泛酸轻度缺乏可致疲乏、食欲差、消化不良、易感染等症状，重度缺乏则引起肌肉协调性差、肌肉痉挛、胃肠痉挛、脚部灼痛感。

富含泛酸的食物有：肉、未精制的谷类制品、麦芽与麸子、动物肾脏与心脏、绿叶蔬菜、啤酒酵母、坚果类、鸡肉、未精制的糖蜜。

10. 维生素 P

维生素 P 又称为通透性维生素（P 代表 permeability），最初由柠檬中分离出来，化学本质为黄素酮类（flavonone），称为柠檬素（citrin）。由黄酮（flavones、flavonals、citrin）、芸香素（rutin）、橙皮素（hesperidin）所构成。

维生素 P 的主要功能是增强毛细血管壁、调整其吸收能力；能增强人体细胞的黏附力；增强维生素 C 的活性。

富含维生素 P 的食品有柑橘类（柠檬、橙、葡萄柚）、杏、荞麦粉、黑莓、樱桃等。

二、矿物质

食物或机体灰分中那些为人体生理功能所必需的无机元素称为矿物质，也称无机盐。人体已发现有 20 余种必需的无机盐，占人体重量的 4%～5%。其中含量较多的（>5g）为钙、磷、钾、钠、氯、镁、硫七种，它们每天的膳食需要量都在 100mg 以上，称为常量元素。另外一些含量较少的铁、碘、铜、锌、锰、钴、钼、硒、铬、镍、硅、氟、钒等元素也是人体必需的，它们每天的膳食需要量甚微，称为微量元素。

（一）常量元素

一般将占人体体重 0.01% 以上，每人每日需要量在 100mg 以上的元素称为常量元素。常量元素在体内的主要生理功能为：构成人体组织的重要成分，大部分是由钙、磷和镁组成，软组织含钾较多；在细胞外液中与蛋白质一起调节细胞膜的通透性，控制水分，维持正常的渗透压和酸碱平衡，维持神经肌肉兴奋性；构成酶的成分或激活酶的活性参与物质代谢。

1. 钙和磷

钙和磷是硬组织骨和牙的重要矿物成分。骨的钙、磷比几乎是恒定的，二者之一在体内的含量显著变动时，另一个也随之改变，因此钙和磷常一起考虑。

(1) 钙

① 钙在体内的分布：钙是人体内含量较多的元素之一。人体内含钙量为1000～1200g。其中大约99%的钙以磷酸盐的形式集中在骨骼和牙齿内，统称为"骨钙"；其余1%的钙大部分以离子状态存在于软组织、细胞液及血液中，少部分与柠檬酸螯合或与蛋白质结合，这一部分统称为"混溶钙池"（也称"混合钙库"）。"混溶钙池"中的钙与骨钙维持着动态平衡。

② 钙的生理功能

a. 钙是构成骨骼和牙齿的主要成分，起支持和保护作用。混合钙库的钙维持细胞处在正常生理状态，它与镁、钾、钠等离子保持一定的比例，使组织表现适当的应激。

b. 促进体内某些酶的活动。许多参与细胞代谢与大分子合成和转变的酶，如腺苷酸环化酶、鸟苷酸环化酶、磷酸二酯酶和酪氨酸羧化酶等都受钙离子的调节。

c. 钙起电荷载体作用：Ca^{2+}能与细胞膜表面的各种阴离子亚部位结合，调节受体结合和离子通透性，起电荷载体作用。

d. 钙参与神经肌肉的活动。神经递质的释放、神经肌肉的兴奋、神经冲动的传导、激素的分泌、血液的凝固、细胞黏附、肌肉收缩等活动都需要钙。

③ 钙的吸收：植物成分中的植酸盐、纤维素、糖醛酸、藻酸钠和草酸可降低钙的吸收，果胶和维生素C对钙的吸收的影响很小。谷类含植物较多，以谷类为主的膳食应供给较多的钙。含草酸多的食物如菠菜，其钙难于吸收且影响其他食物中钙的吸收，故选择供给的食物时，不仅考虑钙含量还应注意草酸含量。

④ 钙在食物中的含量：乳及乳制品含钙丰富，吸收率高。水产品中小虾米皮含钙特多，其次是海带。干果豆和豆制品及绿叶蔬菜含钙也不少。谷物、肉类和禽类含钙不多。骨粉含钙20%以上，吸收率约为70%。蛋壳粉含大量钙。膳食中补充骨粉或蛋壳粉可以改善钙的营养状况。

(2) 磷　磷在生理上和生化上是人体较必需的矿物质之一，但在营养上对它很少注意，因为动植物中普遍存在磷。

① 磷在体内的分布：成人体内含磷(750±50)g，约占体重的1%、矿物质总量的1/4。其中87.6%以羧磷灰石的形式构成骨盐储存在骨骼和牙齿中，10%与蛋白、脂肪、糖及其他有机物结合构成软组织。

② 磷的生理功能

a. 磷存在于人体每个细胞中,其量居无机盐的第二位,对骨骼生长、牙齿发育、肾功能和神经传导都是不可缺少的。钙和磷形成难溶性盐而使骨与牙结构坚固。磷酸盐与胶原纤维共价联结,启动骨的成核过程,在骨的回吸和矿化中起决定作用。骨形成时储留2g钙需要1g磷,在形成有机磷时,每储留17g氮需要1g磷。

b. 磷是核酸、磷脂和某些酶的组成成分,促进生长维持和组织修复,有助于对碳水化合物、脂肪和蛋白质的利用,调节糖原分解,参与能量代谢。

c. 磷脂是细胞膜的主要脂类组成成分,与膜的通透性有关。它促进脂肪和脂肪酸的分解,预防血中聚集太多的酸或碱,促进物质经细胞壁吸收,刺激激素的分泌,有益于神经和精神活动。

d. 磷酸盐能调节维生素D的代谢,维持钙的内环境稳定。在体液的酸碱平衡中起缓冲作用。钙和磷的平衡有助于矿物质的利用。

③ 磷的吸收:从膳食摄入的磷酸盐有70%在小肠内吸收。磷的吸收需要维生素D。维生素D缺乏时,血清中无机磷酸盐下降。佝偻病患者往往血钙正常而血磷含量较低。钙、镁、铁、铝等金属离子常与磷酸形成难溶性盐而影响磷的吸收。高脂肪食物或脂肪消化与吸收不良时,肠中磷的吸收增加。但这种不正常情况会减少钙的吸收,扰乱钙磷平衡。

膳食磷较为充裕,很少见磷缺乏病。磷缺乏时引起精神错乱、厌食、关节僵硬等现象。近年来聚磷酸盐、偏磷酸等广泛用于食品添加剂,可引起磷摄入过多。其表现是神经兴奋、手足抽搐和惊厥。

④ 磷在食物中的含量:人乳含磷为150~175mg/L,钙、磷比为2:1,牛乳含磷100mg/L。人乳含量可满足正常婴儿生长的需要。食物中肉、鱼、牛乳、乳酪、豆类和硬壳果等含磷较多。

2. 镁

镁是人体细胞内的主要阳离子之一,浓集于线粒体中,仅次于钾和磷。在细胞外液,镁仅次于钠和钙而居第三位。1934年首次发现人类的镁缺乏病,才认识到镁是人类生存不可缺少的元素。

(1) 镁在体内的分布　成人体内镁总量为20~28g或43mg/kg。其中55%在骨骼中,27%在软组织,1%左右在细胞外液。

(2) 镁的生理功能

① 镁是酶的激活剂:镁激活多种酶如己糖激酶、Na^+-K^+-ATP酶、羧化酶、丙酮酸脱氢酶、肽酶、胆碱酯酶等,参与体内许多重要代谢过程,包括蛋白质、脂肪和碳水化合物的代谢,氧化磷酸生命线作用、离子转运、神经冲动的产生和传递、肌肉收缩等。B族维生素、维生素C和维生素E的利用,核酸与核体的完整

性、转录和转译的逼真性全凭镁的作用。镁几乎与生命活动的各个环节有关。

② 镁与骨骼：镁是骨细胞结构和功能所必需的元素，可促进骨骼生长和维持。镁可影响骨的吸收。在极度低镁时，甲状旁腺功能低下而引起低钙血症。骨培养于低镁溶液时，可使骨吸收降低。

③ 镁对心血管的影响：镁是肌细胞膜上 Na^+-K^+-ATP-酶必需的辅助因子，Mg^{2+} 与磷酸盐合成 Mg^{2+}-ATP 为激活剂，激活心肌中腺苷酸环化酶，在心肌细胞线粒体内，刺激氧化磷酸化。它能促进肌原纤维水解 ATP，使肌凝蛋白胶体超沉淀和凝固，又参与肌浆网对钙的释放和结合，从而影响心肌的收缩过程。

④ 胃肠道作用：当硫酸镁溶液经十二指肠时，可使奥狄括约肌松弛，短期增加胆汁流出，促进胆囊排空，具有利胆作用。碱性镁盐可中和胃酸。镁离子在肠腔中吸收缓慢，促进水分滞留，引起导泻作用。低浓度镁可减少肠壁张力和蠕动，有解痉作用，并能对抗毒扁豆碱的作用。

（3）镁的吸收　镁摄入后主要由小肠吸收，吸收率一般约为摄入的 30%。镁的吸收与膳食摄入量的多少密切相关，摄入少时吸收率增加，摄入多时吸收率降低。镁主动运输通过肠壁，其途径与钙相同。

（4）镁在食物中的含量　镁广泛存在于各种食物中，正常的膳食摄入通常可以满足机体对镁的生理需要。镁主要存在于绿叶蔬菜、谷类、干果、蛋、鱼、肉乳中。谷物中小米、燕麦、大麦、豆类和小麦含镁丰富，动物内脏含镁也较多。

3. 钾

钾占人体无机盐的 5%，是人体必需的营养素。人体的钾主要来自食物。摄入的钾大部分由小肠迅速吸收。

钾是生长必需的元素，是细胞内的主要阳离子，可维持细胞内液的渗透压。它和细胞外钠合作，激活 Na^+-K^+-ATP 酶，产生能量，维持细胞内外钾钠离子的浓差梯度，发生膜电位，使膜有电信号能力。膜去极化可激活肌肉纤维收缩并引起突触释放神经递质。钾维持神经肌肉的应激性和正常功能。钾营养肌肉组织，尤其是心肌。钾参与细胞的新陈代谢和酶促反应。它可使体内保持适当的碱性，有助于皮肤的健康，维持酸碱平衡。钾可对水和体液平衡起调节作用。钾还能对抗食盐引起的高血压。

钾广泛存在于动植物中，肉类、蔬菜、水果、大豆、虾米中含量丰富。缺钾易患低钾血症，表现为神经方面的障碍并导致肌肉功能减退等症状，严重时造成心律失常和身体虚弱以致危及生命。

（二）微量元素

一般把含量占人体体重 0.01% 以下的元素称微量元素。微量元素与人的生长、发育、营养、健康、疾病、衰老等生理过程关系密切，是重要的营养素。人体必需微量元素的生理功能表现如下。

① 酶和维生素必需的活性因子。

② 构成某些激素或参与激素的作用。

③ 参与核酸代谢。

④ 协助常量元素发挥作用。

1990 年 FAO/IAEA/WHO 三个国际组织的专家委员会重新界定了必需微量元素的定义，按其生物学作用分为以下三类。

① 人体必需微量元素，共 8 种，包括碘、锌、硒、铜、钼、铬、钴和铁。

② 人体可能必需的元素，共 5 种，包括锰、硅、硼、钒和镍。

③ 具有潜在的毒性，但在低剂量时，可能具有人体必需功能的微量元素，包括氟、铅、镉、汞、砷、铝和锡 7 种。

1. 铁

(1) 铁在人体含量和分布　人体内含铁量随体重、血红蛋白浓度、性别而异。成年男子每千克体重平均约含 50mg，成年女子则为 35mg。

体内的铁按其功能可分为必需与非必需两部分。必需部分占体内铁总量的 70%，存在于血红蛋白、肌红蛋白、血红素酶类（细胞色素、细胞色素氧化酶、过氧化物酶）、辅助因子和运输铁中。非必需部分则作为体内的储备铁，主要以铁蛋白和含铁血黄素的形式存在于肝、脾和骨髓中。

(2) 铁的生理功能　铁在体内的生理功能主要是作为血红蛋白、肌红蛋白、细胞色素等的组成部分参与体内氧的运送和组织呼吸过程。因此，铁与人体组织呼吸、氧化磷酸化、嘌呤和胶原合成、抗体的产生和肝脏的解毒等都有关系。

(3) 铁的吸收　食物中的铁主要是三价铁，必须在胃中经过胃酸的作用使之游离，并还原成二价铁后才能为肠黏膜所吸收。吸收部位主要在十二指肠和空肠。

铁在体内可被反复利用。一般情况下，铁损失很少，除肠道分泌和皮肤、消化道与尿道上皮细胞脱落可损失一定数量（平均每日不超过 1mg）外，几乎不存在其他途径的损失。因此，只要从食物中吸收的铁能弥补这些损失，机体对铁的需要就能够得到满足。

(4) 铁在食物中的来源　关于铁的来源，动物性食品如肝脏、瘦猪肉、牛羊肉不仅含铁丰富而且吸收率很高，但鸡蛋和牛乳的铁吸收率低。植物性食物中则以黄豆和小油菜、芹菜、鸡毛菜、萝卜缨、毛豆等铁的含量较高，其中黄豆的铁不仅含量较高且吸收率也较高，是铁的良好来源。

用铁质烹调用具烹调食物可显著增加膳食中铁含量，用铝或不锈钢取代铁的烹调用具就会使膳食中铁的含量减少。

2. 锌

(1) 锌在人体内的分布和吸收 成人体内含锌 2～3g，存在于所有组织中，3%～5%在白细胞中，其余在血浆中。头发含锌量约为 125～250μg/g，其量可反映人体锌的营养状况。锌主要在小肠内吸收，先与来自胰脏的一种小分子量的能与锌结合的配体结合，进入小肠黏膜，然后和血浆中的白蛋白或运铁蛋白结合。

人们平均每天从膳食中摄入 10～15mg 的锌，吸收率一般为 20%～30%。锌的吸收率可因食物中的含磷化合物植酸而下降，因植酸与锌可生成不易溶解的植酸锌复合物而降低锌的吸收率。植酸锌还可与钙进一步生成更不易溶解的植酸锌-钙复合物，使锌的吸收率进一步下降。纤维素也可影响锌的吸收，植物性食物锌的吸收率低于动物性食物，这与其含有纤维素和植酸有关。锌的吸收率还部分地决定于锌的营养状况。体内锌缺乏时，吸收率增高。

(2) 锌的生理功能

① 参加人体内许多金属酶的组成：锌是人体中 200 多种酶的组成部分，在组织呼吸以及蛋白质、脂肪、糖和核酸等的代谢中有重要作用。

② 促进机体的生长发育和组织再生：锌是调节基因表达即调节 DNA 复制、转译和转录的 DNA 聚合酶的必需组成部分，因此，缺锌动物的突出的症状是生长、蛋白质合成、DNA 和 RNA 代谢等发生障碍。锌对于蛋白质和核酸的合成以及细胞的生长、分裂和分化的各个过程都是必需的。因此，锌对于正处于生长发育旺盛期的婴儿、儿童和青少年，对于组织创伤的患者，是更加重要的营养素。

③ 改善味觉，促进食欲。

④ 促进性器官和性机能的正常：缺锌使性成熟推迟、性器官发育不全、性机能降低、精子减少、第二性征发育不全、月经不正常或停止，如及时给锌治疗，这些症状都会好转或消失。

⑤ 保护皮肤健康：动物和人都会因缺锌而影响皮肤健康，出现皮肤粗糙、干燥等现象。

⑥ 参加免疫功能过程：机体缺锌可削弱免疫机制，降低抵抗力，使机体易受细菌感染。

(3) 锌在食物中的来源 锌的来源广泛，普遍存于各种食物，但动植物性食物之间，锌的含量和吸收利用率有很大差别。动物性食物含锌丰富且吸收率高。

3. 硒

(1) 硒在人体内的分布和吸收 硒广泛分布于除脂肪以外的所有组织中，人体血硒浓度不一，它受不同地区的土壤、水和食物中硒含量的影响。

硒主要在小肠吸收，人体对食物中硒的吸收率为 60%～80%。硒的吸收率因其存在的化学结构形式、化合物溶解度的大小等而不同，蛋氨酸硒较无机形式的硒更容易吸收，溶解度大的硒化合物比溶解度小的更容易吸收。

（2）硒的生理功能

① 作为谷胱甘肽过氧化酶的成分，在人和动物体内清除自由基方面起着重要作用。

② 促进生长：硒对于大鼠和鸡等的生长和繁殖是必需的，缺硒时生长停滞或受到不同程度的影响，硒对于人的生长也有作用。组织培养也证明硒对二倍体人体纤维细胞的生长是必需的。

③ 保护心血管和心肌的健康：硒能降低心血管病的发病率。在我国，与缺硒有密切关系的克山病有心肌坏死现象，主要表现为原纤维型的心肌细胞坏死与线粒体型的心肌细胞坏死。

④ 解除体内重金属的毒性作用：硒和金属有很强的亲和力，是一种天然的对抗重金属的解毒剂，在生物体内与金属相结合，形成金属-硒-蛋白质复合物而使金属得到解毒和排泄。它对汞、甲基汞、镉、铅等都有解毒作用。硒还可以降低黄曲霉毒素 B_1 的毒性。

⑤ 保护视器官的健全功能和视力：含有硒的谷胱甘肽过氧化物酶和维生素 E 可使视网膜上的氧化损伤降低。亚硒酸钠可使一种神经性的视觉丧失（紫褐素沉着病）得到改善。

⑥ 预防肿瘤作用：硒可通过调节 cAMP 的代谢而阻止肿瘤细胞分裂或抑制前致癌物转变为终致癌物，起预防肿瘤的作用。

（3）硒在食物中的来源　食物中硒含量受产地土壤中硒含量的影响而有很大的地区差异，一般地说海味、肾、肝、肉和整粒的谷类是硒的良好来源。

4. 碘

正常成人体内碘含量为 25～50mg，大部分集中于甲状腺中。成人每日需要量为 0.15mg。碘主要由食物中摄取，碘的吸收较快且完全，吸收率可高达 100%。吸收入血液的碘与蛋白结合而被运输，主要浓集于甲状腺从而被利用。

碘主要参与合成甲状腺素［三碘甲腺原氨酸（T_3）和四碘甲腺原氨酸（T_4）］。甲状腺素在调节代谢及生长发育中均有重要作用。成人缺碘可引起甲状腺肿大，称甲状腺肿；胎儿及新生儿缺碘则可引起呆小症、智力迟钝、体力不佳等严重发育不良症。

碘的最佳食物来源是海洋生物，如海带、紫菜等。目前，有碘盐、碘化油、碘奶片、高碘鸡蛋等富碘制品。

5. 锰

成人体内含锰量为 10～20mg，主要储存于肝和肾中，在细胞内则主要集中于线粒体中。每日需要量为 3~5mg。锰在肠道中的吸收与铁的吸收机制类似，吸收率较低，约为 30%。

锰参与一些酶的构成，如线粒体中丙酮酸羧化酶、精氨酸酶等。它不仅参加糖和脂类代谢，而且在蛋白质、DNA 和 RNA 合成中均起作用。锰在自然界分布广泛，在茶叶中含量最丰富，其次是坚果、谷物、叶菜类和豆类。锰的缺乏症较为少见。若吸收过多可出现中毒症状，主要是由于生产及生活中防护不善，锰以粉尘形式进入人体所致。锰是一种原浆毒，可引起慢性神经系统中毒。

6. 氟

在人体内氟含量为 2~3g，其中 90% 积存于骨及牙中，每日需要量为 2.4mg。氟主要经胃部吸收，氟易吸收且吸收较迅速，主要经尿液和粪便排出。氟对龋齿具有抵抗作用。此外，氟还可直接刺激细胞膜中 G 蛋白，激活腺苷酸环化酶或磷脂酶 C，启动磷脂酰肌醇信号系统等，引起广泛生物效应。氟过多也可对机体产生损伤。如长期饮用高氟（>2mg/L）水，牙釉质受损出现斑纹、牙变脆易破碎等。

三、黄酮类化合物

黄酮类化合物（flavonoid）是广泛存在于自然界的一大类化合物，是具有色酮环与苯环为基本结构的一类化合物的总称，其数量列为天然酚类化合物之首，大多数具有颜色。在高等植物体中常以游离态或与糖成苷的形式存在，在花、叶、果实等组织中多为苷类，而在木质部组织中则多为游离的苷元。可以分类为黄酮类、黄酮醇类、异黄酮类、黄烷酮类等。广义的范围还包括查耳酮、橙酮、异黄烷酮及茶多酚，是一类生物活性很强的化合物。

黄酮类化合物的生理功能多种多样，具体体现在以下方面。

（1）对心血管系统的作用　黄酮类化合物对高血压引起的头痛、头晕等症状有明显疗效，尤以缓解头痛为显著；对抑制血小板凝集有一定功效，对凝血因子具有较强的抑制作用，故表现出较好的抗凝血作用；对外周血管也有影响，实验证明，麻醉犬静脉注射黄酮类化合物，可使脑血流量增加且血管阻力相应降低，还能减弱乙酰胆碱引起的脑内动脉扩张和去甲肾上腺素引起的收缩恢复血管功能。

（2）抗病毒　黄酮类化合物具有明显的消炎、抗溃疡作用。此外，研究表明，黄酮类化合物具有抗流感病毒、脊髓灰质炎病毒的感染和复制能力。

（3）抗肿瘤　黄酮类化合物具有较强的抗癌防癌作用，一般通过以下 3 种途径实现：①对抗自由基；②直接抑制癌细胞生长；③对抗致癌促癌因子。

（4）抗氧化性　研究证明，黄酮类化合物具有抗氧化作用。黄酮类化合物具有

C6—C3—C6 双芳环联结形式，分子中心的 α,β-不饱和吡喃酮具有抗氧化活性，是极好的天然抗氧化剂。类黄酮的抗氧化能力与其所含羟基的数量和位置有关。研究表明，类黄酮确实具有清除活性氧自由基的作用，所以类黄酮可预防动脉硬化、肿瘤、糖尿病、帕金森病等疾病，有抗衰老作用。

（5）其他生理功能　黄酮类化合物具有雌激素的双重调节作用；黄酮类化合物能够促使胰岛 B 细胞的恢复，降低血糖和血清胆固醇，改善糖耐量，对抗肾上腺素的升血糖作用；保护神经系统，改善记忆力等。

黄酮类化合物在人体不能直接合成，只能从食品中获得，而黄酮类化合物广泛存在于植物体中，因此近年来各国科研人员都在都积极致力于从植物体中提取纯度高、活性强的天然黄酮成分，并进一步加工成具有抗癌、抗衰老、调节内分泌等特异功能的功能食品。

四、醇类化合物

（一）肌醇

肌醇的分子式为 $C_6H_{12}O_6$，是一种饱和环状多元醇，即环己六醇，化学结构式如下所示。肌醇因所携羟基相对环平面的取向不同，可分为 9 种类型，但只有肌型肌醇具有生物活性。

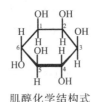

肌醇化学结构式

几乎所有生物都含有游离态或结合态的肌醇，且含量一般都比维生素高。在动物细胞中，肌醇主要以磷脂的形式出现，有时也称肌醇磷脂；在植物细胞中，肌醇以植酸的形式存在。动物脑、肾、肝、心及酵母、麦芽、糖蜜和柑橘类水果中含量丰富，瘦肉、全谷粒、谷糠、豆类、坚果、牛乳及蔬菜中含量也很多。

目前，肌醇已知的功能有：代谢脂肪和胆固醇的作用，降低胆固醇，减少脂肪肝发病率，预防动脉硬化；肌醇是磷酸肌醇的前体物质，供给脑细胞营养；促进健康毛发的生长，防止脱发和湿疹等。

（二）甾醇（sterol）

甾醇在自然界中分布极广，是一类存在于自然界中的甾族化合物，虽含量不多，但它具有很高应用价值。主要是以游离形式和脂肪酸酯形式存在于动物体或植物体的组织中，化学结构如下。

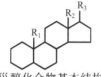

甾醇化合物基本结构

根据来源的不同可以将甾醇分为三大类，即动物甾醇、植物甾醇和菌甾醇。其中，植物甾醇是植物细胞的重要组成成分，也是一种植物活性成分。植物油普遍含有甾醇，以米糠油、小麦胚芽油及玉米胚芽油中甾醇含量较高，占总甾醇70％以上。植物油精炼脱臭产生脱臭馏出物、硫酸纤维素制皂过程中不皂化物、妥尔油（松浆油）也含有β-谷甾醇、豆甾醇等植物甾醇。另外，许多中草药植物也含有植物甾醇，如半夏、黄柏、黄芩、人参、附子、天门冬、汉防己、党参、玄参等都含有植物甾醇。

植物甾醇的生理功能主要有：抗氧化能力；抗炎、退热功能；降低血清胆固醇；美容、皮肤保健；抑制化学物质诱导肿瘤；抑制前列腺增生症等。

（三）二十八烷醇

二十八烷醇是天然存在的一元高级醇，主要以蜡酯的形式存在于自然界中。许多植物的叶、茎、果实或表皮以及如苹果、葡萄、广枣、苜蓿、甘蔗、小麦和大米等食物中均含有二十八烷醇。米糠蜡、甘蔗蜡、亚麻秆蜡、高粱蜡、蜂蜡、葡萄表皮蜡、小烛树蜡、巴西棕榈蜡、向日葵蜡、鱼卵脂质、羊毛蜡等都富含二十八烷醇，其中以米糠蜡较佳。

二十八烷醇的生理功能主要有以下几方面：①增进耐力、精力和体力；②提高肌力；③改进反应时间、反射和敏锐性；④强化心脏机能；⑤消除肌肉疼痛，降低肌肉摩擦；⑥增强对高山等应力的抵抗性；⑦改变新陈代谢的比率；⑧减少必要的需氧量；⑨刺激性激素；⑩降低收缩期血压。

五、核酸

核酸（nucleic acid）是由许多核苷酸聚合成的生物大分子化合物，为生命的最基本物质之一。核酸广泛存在于所有动植物细胞、微生物体内，生物体内的核酸常与蛋白质结合形成核蛋白。不同的核酸，其化学组成、核苷酸排列顺序等不同。根据化学组成不同，核酸可分为核糖核酸（简称RNA）和脱氧核糖核酸（简称DNA）。DNA是储存、复制和传递遗传信息的主要物质基础。RNA在蛋白质合成过程中起着转录和翻译的作用。

由于机体可合成核酸，人们曾认为核酸不属于营养必需物质，但近几十年的研究发现，核酸具有许多重要的生理生化功能。外源核苷酸对机体胃肠道的生长发育、血浆中脂蛋白浓度、免疫系统、肝功能、神经细胞的营养等皆可产生重大影响，在特定的条件下需要补充以保证机体的正常生理功能。具体的生理功能体现在：①能够加速肠细胞的分化、生长与修复，促进小肠的成熟；②对提高动物对细菌、真菌感染的抵抗力，增加抗体产生，增强细胞免疫能力，刺激淋巴细胞增生等都有重要作用；③抗氧化功能；④是多不饱和脂肪合成的重要调节物；⑤对神经细胞的营养作用；⑥参与调节肝的蛋白质合成，与维持肝的正常功能有关。

六、皂苷

皂苷是一类比较复杂的分子，由糖链与三菇类或生物碱通过碳氧键相连而成。它们广泛存在于植物的茎、叶和根中如豆荚、马铃薯、菠菜等，一些海洋生物如海星分泌出的毒素也是皂苷。皂苷是许多中草药的有效成分，可通过与红细胞壁上的胆甾醇结合生成水不溶性分子复合物而起到溶血作用；通过抑制胆固醇在肠道的吸收而起到降低胆固醇的作用。此外，许多皂苷还具有抗菌、抗病毒活性，可提高机体抗缺氧能力。

七、生物碱

生物碱（alkaloid）是存在于自然界（主要为植物，但有的也存在于动物）中的一类含氮的碱性有机化合物，有似碱的性质，所以过去又称为赝碱。大多数有复杂的环状结构，氮素多包含在环内，有显著的生物活性，是中草药中重要的有效成分之一。

不同种类的生物碱其生理作用不同。番茄中青果生物碱含量较高，具有抑菌抑虫、抗炎、降低胆固醇、调节机体免疫功能等作用；茶叶中咖啡碱含量较高，在一定浓度范围内，对人体具有强心、利尿、解毒等作用；荷叶总碱具显著降血脂和降胆固醇活性，在减肥降脂产品中应用越来越广泛；莲子心含有莲心碱、异莲心碱、甲基莲心碱等生物碱。具有降压、抗心律失常、体外抗氧化活动等药理作用；槟榔中主要含有的生物碱为槟榔碱、槟榔次碱、去甲基槟榔次碱等，均与鞣酸结合存在。槟榔碱具有免疫抑制、肝毒性、致突变和畸形作用；海洋生物碱作为海洋生物的一种次级代谢产物，同样具有以上的生物学活性，它们有很多可能成为抗肿瘤、抗病毒和抗菌的药物先导化合物，有良好的药用前景。

八、褪黑素

褪黑素（melatonin，Mel）是人脑松果腺分泌的一种神经内分泌激素，动植物体内也可分泌这种物质。它的化学结构如下所示。

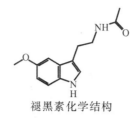

褪黑素化学结构

褪黑素具有广泛的生理功能：褪黑素对神经系统可起到镇静、催眠、镇痛、抗惊厥、抗忧郁等作用；具有良好的免疫调节功能，胸腺、脾脏、淋巴结和淋巴细胞上均有其受体，可通过这些受体实现对免疫调节的直接作用；是一种高效自由基清除剂，能有效清除体内多种高活性自由基，起到抗氧化、抗衰老作用；还可抵抗肿瘤和预防心血管疾病。

九、肉碱

肉碱（carnitine）又称肉毒碱，维生素 B_T。肉碱的化学结构中有左旋（L-）和右旋（D-）两种旋光异构体，自然中存在 L-肉碱，并且研究证明只有 L-肉碱对动物有营养作用。L-肉碱以天然成分存在于微生物、酵母、植物和动物组织中，而 D-肉碱是合成物质，不存在于生物系统中。L-肉碱的化学结构式如下。

L-肉碱化学结构式

肉碱属于类维生素，左旋肉碱广泛存在于动植物、微生物体内，是微生物、动物及植物的基本成分之一。人体主要有 2 种来源：①从膳食中摄取，其中以肉类和乳制品最丰富，蔬菜、谷类和水果含量极微甚至无。②内源性合成，即在赖氨酸、蛋氨酸、维生素 C、烟碱、维生素 B_6 和还原铁等的参与下，由人体的肝、肾、脑等主要部位，经过 5 步反应合成左旋肉碱。

左旋肉碱主要的功能是作为载体以脂酰肉碱的形式将长链脂肪酸从线粒体膜外转运到膜内，在线粒体内进行 β 氧化。近年研究证实，左旋肉碱具有减肥、改善缺血性心肌功能和代谢、降血脂、增强精子活力等多种保健功能。目前已经开发的左旋肉碱类功能食品有：减肥、健美等功能食品、婴儿食品强化营养剂、中老年人的营养补充剂、素食主义者营养强化剂、运动员的营养补充剂、糖尿病患者专用食品、抗疲劳食品。

十、苦杏仁苷

苦杏仁苷（amygdalin）属于芳香族氰苷，存在于杏、李子等蔷薇科植物的种子及叶中，一般含量为 2％～3％。结构式为苯羟基乙氰-D-葡萄糖-6-1-D-葡萄糖苷。其化学结构式如下所示。

苦杏仁苷化学结构

苦杏仁苷的主要生理功能有：镇咳平喘作用；抗肿瘤作用；改善能量代谢，延长细胞时间，促进组织细胞代谢及功能恢复和组织修复。但也有一些负面作用，如水解产物易生成苯甲醛和氢氰酸，氢氰酸有毒性，摄入过量会与细胞线粒体的细胞色素氧化酶作用，引起细胞抑制而导致死亡。

第三章　活性多糖及其加工技术

第一节　真菌活性多糖

一、概述

真菌多糖是从真菌子实体、菌丝体、发酵液中分离出的，可以控制细胞分裂分化，调节细胞生长衰老的一类活性多糖。真菌多糖主要有香菇多糖、灵芝多糖、云芝多糖、银耳多糖、冬虫夏草多糖、茯苓多糖、金针菇多糖、黑木耳多糖等。1969年，日本学者 Goro Chihara 首先利用热水从香菇子实体中浸提出 4 种多糖，其中 2种有明显的抗肿瘤作用，一种是含有 β-糖苷键的线性葡聚糖，相对分子质量为 95万～105 万，并命名为 Lentinan。从此，科学界掀起了食用真菌多糖研究的热潮，真菌多糖成为最具发展前途的医疗保健资源之一。研究表明，香菇多糖、银耳、灵芝多糖、茯苓多糖等食药性真菌多糖具有抗肿瘤、免疫调节、抗突变、抗病毒、降血脂、降血糖等方面功能。

（一）物理性质与功效的关系

多糖的溶解度、分子量、黏度、旋光度等性状影响其生理功能。

1. 溶解度与功效的关系

多糖溶于水是其发挥生物学活性的首要条件，如从茯苓中提取的多糖组分中，不溶于水的组分不具有生物学活性，水溶性组分则具有突出的抗肿瘤活性。降低分子质量是提高多糖水溶性，从而增加其活性的重要手段，一种真菌多糖，不溶于水，在大鼠体内仅有微弱的抑瘤活性，5mg/kg 剂量时抑瘤率为 57%，降低分子质量后，完全溶于水，1mg/kg 剂量可使抑瘤率达到 100%。向多糖引入分支可在一定程度上削弱分子间氢键的相互作用，从而增加其水溶性，如具有 α-葡聚糖结构的灵芝多糖，不溶于水，羧甲基化后溶解性提高，在体外也表现出一定的抗肿瘤活性，经红外色谱分析，经羧甲基化后，α-葡聚糖在 3400cm^{-1} 处的羟基伸缩振动峰变窄，且向高波长方向振动，说明分子间的氢键在引入羧甲基分支后被破坏。有些含有疏水分支的多糖不溶于水，经过氧化还原成羟基多糖后才溶于水，从而产生生物学活性。由此可见，降低分子质量、引入支链或对支链进行适当修饰，均可提高多糖溶解度，从而增强其活性。

2. 分子量与功效的关系

研究结果表明，真菌多糖的抗肿瘤活性与分子量大小有关，分子质量大于 16kDa 时才有抗肿瘤活性。如分子质量为 16kDa 的虫草多糖有促进小鼠巨噬细胞吞噬作用的活性，而分子质量为 12kDa 的虫草多糖就失去此活性。大分子多糖免疫活性较强，但水溶性较差，分子质量介于 10～50kDa 的高分子组分的真菌多糖属于大分子多糖，呈现较强的免疫活性。高分子量的 β-(1→4)-D-葡聚糖具有独特的分子结构，其高度有序结构（三股螺旋）对于免疫调节活性至关重要，只有分子质量大于 90kDa 的分子才能形成三股螺旋，三股螺旋结构靠 β-葡萄糖苷键的分支来稳定。Janusz 等发现多糖分子大小与其免疫活性之间存在明显的对应关系。分子量越大其结构功能单位越多，抗癌活性越强。

3. 黏度与功效的关系

多糖的黏度主要是由于多糖分子间的氢键相互作用产生，还受多糖分子质量大小的影响，它不仅在一定程度上与其溶解度呈正相关，还是临床上药效发挥的关键控制因素之一，如果黏度过高，则不利于多糖药物的扩散与吸收。通过引入支链破坏氢键和对主链进行降解的方法可降低多糖黏度，提高其活性。如向纤维素引入羧甲基后，分子间的氢键发生断裂，产物黏度从 0.15Pa·s 降至 0.05Pa·s。

（二） 生理调节功能

1. 免疫调节功能

免疫调节作用是大多数活性多糖的共同作用，也是它们发挥其他生理和（或）药理作用（抗肿瘤）的基础。真菌多糖可通过多条途径、多个层面对免疫系统发挥调节作用。大量免疫实验证明，真菌多糖不仅能激活 T 淋巴细胞、B 淋巴细胞、巨噬细胞和自然杀伤细胞（NK）等免疫细胞，还能活化补体，促进细胞因子的生成，对免疫系统发挥多方面的调节作用。

2. 抗肿瘤的功能

据文献报道，高等真菌已有 50 个属 178 种的提取物都具有抑制 S180 肉瘤及艾氏腹水瘤等细胞生长的生物学效应，明显促进肝脏蛋白质及核酸的合成及骨髓造血功能，促进体细胞免疫和体液免疫功能。

3. 抗突变功能

在细胞分裂时，由于遗传因素或非遗传因素的作用，会产生转基因突变。突变是癌变的前提，但并非所有突变都会导致癌变，只有那些导致癌细胞产生恶性行为的突变才会引起癌变，但可以肯定，抑制突变的发生有利于癌症的预防。多种真菌多糖表现出较强的抗突变作用。

4. 降血压、降血脂、降血糖功能

冬虫夏草多糖对心律失常、房性早搏有疗效；灵芝多糖对心血管系统具调节作用，可强心、降血压、降低胆固醇、降血糖等。试验结果表明，蜜环菌多糖（AMP）能使正常小鼠的糖耐量增强，能抑制四氧嘧啶糖尿病小鼠血糖升高；研究也发现，蘑菇、香菇、金针菇、木耳、银耳和滑菇等13种食用菌的子实体具有降低胆固醇的作用，其中尤以金针菇为最强。腹腔给予虫草多糖，对正常小鼠、四氧嘧啶小鼠均有显著的降血糖作用，且呈现一定的量-效关系。云芝多糖、灵芝多糖、猴头菇多糖等也具降血糖或降血脂等活性。真菌多糖可降低血脂，预防动脉粥样硬化斑的形成。

5. 抗病毒功能

研究证明，多糖对多种病毒，如艾滋病病毒（HIV-1）、单纯疱疹病毒（HSV-1，HSV-2）、巨细胞病毒（CMV）、流感病毒、囊状胃炎病毒（VSV）、劳斯肉瘤病毒（RSV）和反转录病毒等有抑制作用。香菇多糖对水泡性口炎病毒感染引起的小鼠脑炎有治疗作用，对阿拉伯耳氏病毒和十二型腺病毒有较强的抑制作用。

6. 抗氧化功能

已发现许多真菌多糖具有清除自由基、提高抗氧化酶活性和抑制脂质过氧化的活性，起到保护生物膜和延缓衰老的作用。

7. 真菌多糖的其他功能

除具有上述生理功能外，真菌多糖还具有抗辐射、抗溃疡和抗衰老等功能。具有抗辐射作用的真菌多糖有灵芝多糖和猴头多糖。具有抗溃疡作用的真多糖有猴头多糖和香菇多糖。具有抗衰老作用的真菌多糖有香菇多糖、虫草多糖、灵芝多糖、云芝多糖和猴头菌多糖等。

二、真菌活性多糖的加工技术

真菌多糖包括细胞外多糖、细胞内多糖和菌丝壁多糖。细胞外多糖指液态培养条件下真菌细胞分泌到细胞外的多糖，可以向发酵上清液直接加入乙醇，将其沉淀而获得。与细胞外多糖不同，菌丝壁多糖存在于菌丝细胞壁内部，细胞内多糖存在于菌丝细胞内部，由于真菌细胞或组织外大多有脂质包围，所以不易直接获得，常需要通过一些物理或化学的方法破坏脂质或细胞壁，从而进行提取和纯化。因此，如何有效地从原材料中提取粗多糖，是进行真菌多糖研究的关键。

获得真菌多糖的方法有两种，一种是从栽培真菌子实体提取，另一种是发酵法短时间生产大量的真菌菌丝体，目前以从子实体中提取多糖为主。从真菌子实体中提取多糖，由于人工栽培真菌子实体，生产周期长达半年以上，而且价格也比较高。真菌深层发酵工艺来获取真菌多糖，易于连续化生产，规模大，生产周期短，产量高，降低了成本。但发酵法生产多糖一次性投资大，设备多，工艺流程长，而且部分菌丝体缺乏子实体的芳香风味。

目前，提取多糖常用的方法有不同温度下的水提法、稀酸提法、冷热稀碱提法。水提法采用的较多，适合于提取水溶性多糖。稀酸提取法适用于提取酸溶性多糖、时间宜短，温度不超过 50℃，以防止糖苷键断裂。稀碱法适合于提取碱溶性糖。大部分多糖在有机溶剂中的溶解度极小，所以可用有机溶剂来沉淀。常用 4～5 倍低级醇、丙酮，一般在 pH 7 左右沉淀多糖，制得粗多糖。由于水提时间长且效率低，酸碱提取易破坏多糖的立体结构及活性。现在，有的采用酶法提取真菌多糖，即复合酶热水浸提相结合的方法，此方法具有条件温和、杂质易除及提取率高等优点。

深层发酵提取多糖工艺一般为：菌种活化→种子罐发酵→发酵罐发酵。

多糖的纯化是将多糖混合物分离为单一的多糖。纯化方法很多，主要纯化方法有两种。①分步沉淀法：根据不同多糖在不同浓度的低级醇或酮中具有不同溶解度的性质，逐次按比例由小而大加入这些醇或酮分步沉淀。此法适用于分离各种溶解度相差较大的多糖。②盐析法：根据不同多糖在不同浓度盐中具有不同溶解度而分离。真菌多糖提取物中往往混有蛋白质、色素、低聚糖等杂质，必须分别除去。除蛋白质一般常用 Sevag 法、三氟二氯乙烷法等。真菌多糖的色素大多呈负性离子，不能用活性炭吸收剂脱色，可用 DEAE-纤维素或 DulliteA-T 来吸附色素。低聚糖等小分子杂质可通过逆向流水透析法除去。接下来可通过分部沉淀法、柱色谱法、超过滤法等方法进行纯化。

这里主要介绍几个典型的真菌多糖加工的工艺。

（一）香菇多糖

1. 提取法

（1）工艺流程　鲜香菇→捣碎→浸渍→过滤→浓缩→乙醇沉淀→乙醇、乙醚洗涤→干燥→成品。

（2）操作要点

① 取香菇新鲜子实体，水洗干净，捣碎后加 5 倍量沸水浸渍 8～15h，过滤，滤液减压浓缩。

② 浓缩液加 1 倍量乙醇得沉淀物，过滤，滤液再加 3 倍量乙醇，得沉淀物。

③ 将沉淀加约 20 倍的水，搅拌均匀，在猛烈搅拌下，滴加 0.2mol/L 氢氧化十六烷基三甲基胺水溶液，逐步调至 pH 12.8 时产生大量沉淀，离心，沉淀用乙醇洗涤，收集沉淀。

④ 沉淀用氯仿、正丁醇去蛋白，水层加 3 倍量乙醇沉淀，收集沉淀。

⑤ 沉淀依次用甲醇、乙醚洗涤，置真空干燥器干燥，即为香菇多糖。

2. 深层发酵法

(1) 工艺流程　菌种→斜面培养→一级种子培养→二级种子培养→深层发酵→发酵液。

(2) 操作要点

① 斜面培养：在土豆琼脂培养基接菌种，25℃培养 10 天左右，至白色菌丝体长满斜面，0～4℃冰箱保存备用。

② 摇瓶培养：500mL 三角瓶盛培养液 150mL 左右，0.12kPa 蒸汽压力下灭菌 45min。当温度达到 30℃时，接斜面菌种，置旋转摇床（230r/min），25℃培养 5～8 天。

培养液配方（g/100mL）：蔗糖 4，玉米淀粉 2，NH_4NO_3 0.2，KH_2PO_4 0.1，$MgSO_4$ 0.05，维生素 B_1 0.001。pH 值 6.0。

③ 种子罐培养：培养液同前，装量 70%（体积分数），接入摇瓶菌种，菌种量 10%（体积分数），25℃，通气比 1：0.5～1：0.7V/(V・min) 培养 5～7 天。

④ 发酵罐培养

a. 配料与接种：发酵罐先灭菌。罐内配料，培养液配方同前。配料灭菌，0.12kPa 灭菌 50～60min。冷却后，以压差法将二级菌种注入发酵罐，接种量 10%（体积分数），装液量 70%（体积分数）。

b. 发酵控制：发酵温度 22～28℃，通气比 1：0.4～1：0.6V/(V・min)，罐压 0.05～0.07kPa，搅拌速度 70r/min；发酵周期 5～7 天。

c. 放罐标准：发酵液 pH 值降至 3.5，镜检菌丝体开始老化，即部分菌丝体的原生质出现凝集现象，中有空泡，菌丝体开始自溶，也可发现有新生、完整的多分枝的菌丝；上清液由浑浊状变为澄清透明的淡黄色；发酵液有悦人的清香，无杂菌污染。

(3) 发酵液中多糖的提取　香菇发酵液由菌丝体和上清液两部分组成，胞内多糖含于菌丝体，胞外多糖含于上清液。因此多糖提取要分上清液和菌丝体两部分来完成。

① 上清液胞外多糖的提取

a. 工艺流程：发酵液→离心→发酵上清液→浓缩→透析→浓缩→离心→上清液→乙醇沉淀→沉淀物→丙酮、乙醚洗涤→P_2O_5 干燥→胞外粗多糖。

b. 操作步骤：离心沉淀，分离发酵液中菌丝体和上清液。上清液在不大于 90℃条件下浓缩至原体积的五分之一。上清浓缩液置透析袋中，于流水中透析至透析液无还原糖为止。透析液浓缩为原浓缩液体积，离心除去不溶物，将上清液冷却至室温。加 3 倍预冷至 5℃的 95%乙醇，5～10℃下静置 12h 以上，沉淀粗多糖。沉淀物分别用无水乙醇、丙酮、乙醚洗涤后，真空抽干，然后置 P_2O_5 干燥器中进一步干燥，得胞外粗多糖干品。

② 菌丝体胞内多糖的提取

a. 工艺流程：发酵液→离心→菌丝体→干燥→菌丝体干粉→抽提→浓缩→离心→上清液→透析→浓缩→离心→上清液→沉淀物→丙酮、乙醚洗涤→P_2O_5干燥→胞内粗多糖。

b. 操作要点：菌丝体在60℃干燥，粉碎，过80目筛。菌丝体干粉水煮抽提三次，总水量与干粉重之比为50∶1～100∶1。提取液在不大于90℃下浓缩至原体积的五分之一。其余步骤同上清液胞外提取。

（二） 金针菇子实体多糖分离工艺金针菇多糖

1. 工艺流程

原料→称重→匀浆→调配→热水抽提→过滤→滤液醇析→复溶→去除蛋白→多糖产品
　　　　　　　　　　　　　　　　　↓
　　　　　　　　　　　　　　滤渣弃去

2. 操作要点

① 选用质地优良的鲜子实体（或按失水率计算称取一定量的干菇）。

② 使用试剂如氯仿、正丁醇、乙醇、葡萄糖等均为分析纯。

③ 多糖总量测定采用酚—硫酸法，以葡萄糖为标准品。

④ 提取条件：浸提时间1h，温度80℃，溶剂体积为样品30倍，多糖得率达到1.03％。

⑤ 醇析的乙醇最终浓度为60％～70％，放置一定时间后，离心收集沉淀并烘干称重得多糖粗品。

⑥ 多糖粗品中的蛋白质去除可用Sevag法，即氯仿/正丁醇（体积比），氯仿＋正丁醇/样品（体积比）分别为1∶0.2和1∶0.24。选用该法去除蛋白质时，如能连续操作，直接使用溶剂抽提，粗多糖产品中蛋白质去除效率高，效果好。

⑦ 粗多糖经Sevag法去除蛋白质后，再进行真空干燥，即得到纯多糖粉状产品。

上述工艺在分离多糖产品时，可因生产目的和要求不同而异。通过30倍体积80℃浸提1h后，直接从子实体中提取的提取物，再经醇析后制得的多糖产品可广泛用于饮料、食品行业中；粗多糖再经优化的Sevag法去除蛋白质纯化后即可。

三、真菌活性多糖在功能食品中的应用

我国真菌资源丰富，已报道的食药用真菌近1000种，迄今已探明的具有药效的真菌多达400余种，可用于保健食品开发的真菌也比较多。2004年以来，以真菌申请保健食品占批准总数的10％以上。其中灵芝属出现频率最高，330次，茯苓251次，冬虫夏草菌丝体也出现了66次，其他真菌出现的频率就比较低。

目前，国内外对真菌多糖的开发利用发展很快。由于其显著的生物活性，且几乎没有任何毒副作用，所以许多真菌多糖被用作保健食品的功能添加剂，如真菌多糖啤酒已在我国问世。而且多种真菌多糖在临床上也被广泛应用，并在自身免疫性疾病、免疫功能低下症、肿瘤的治疗等方面取得了令人鼓舞的效果。我国真菌多糖资源极为丰富，粗制品制备也比较容易，这就为其深入研究提供了方便，因此可以说真菌多糖的开发利用潜力是巨大的，应用前景也极为广阔。

第二节　植物活性多糖

一、概述

植物多糖是植物细胞代谢产生的由 10 个以上单糖组成的多聚糖。一般植物多糖由成百上千个单糖组成，已不具甜味，其性质与单糖有很大不同。植物多糖作为植物体内极其重要的营养物质，发挥着不可替代的作用，而且参与细胞识别、物质运输、机体免疫调节等生命活动。研究表明植物多糖具有免疫调节、抗病毒、抗肿瘤、降血糖、降血脂、抗氧化、抗辐射等作用。植物多糖广泛地应用于保健食品、医药和临床上，成为食品科学、天然药物、生物化学与生命科学研究领域的热点。目前从天然产物中分离出的多糖类化合物有 300 多种，其中从植物中尤其是从中草药中提取的水溶性多糖最为重要，近百种植物多糖已广泛地应用于保健食品与医药中。我国从植物中提取活性多糖的纯度已达 98% 以上，在活性多糖的分离纯化、结构鉴定与生物活性研究等方面取得很大进展。

（一）植物多糖的种类

植物多糖的种类很多。按在植物体内的功能分为两类：一类是形成植物体的支持组织，如纤维素；一类为植物的储存养料，可溶于热水成为胶体溶液，经酶水解后生成单糖以提供能量，如淀粉等。根据植物器官的不同，植物多糖可分为植物花果实类多糖如花粉多糖、玉米须多糖、枣多糖、无花果多糖；植物茎叶类多糖如茶多糖、芦荟多糖、桑叶多糖、龙眼多糖；植物块根茎类多糖如魔芋多糖、山药多糖、麦冬多糖等。

根据其在植物细胞的存在部位，植物多糖可分为细胞内多糖和细胞内多糖、细胞外多糖和细胞壁多糖。以溶液或高度水和状态存在于液泡中（淀粉除外），主要为果聚糖和甘露聚糖；细胞壁多糖主要指纤维素、半纤维素、果胶类等；细胞外多糖主要指树脂和其他胶，如半乳聚糖、葡聚糖醛酸、甘露聚糖、木聚糖和其他多糖等。

（二）植物多糖的组成、结构和生理功能

1. 植物多糖的组成

研究发现，植物多糖的相对分子质量从几万到百万以上，主要成分为葡萄糖、

果糖、半乳糖、阿拉伯糖、木糖、鼠李糖、岩藻糖、甘露糖、糖醛酸等。不同植物多糖的主要组成存在差异，分别由几种不同种类的单糖，以一定的比例聚合而成。如黄芪多糖由葡萄糖、半乳糖、阿拉伯糖、木糖、甘露糖、鼠李糖组成，物质的量比为 20.52:11.41:4.34:3.92:1.95:1。不同茶叶多糖的单糖组成也有差异。绿茶多糖相对分子质量为 91000，由半乳糖、甘露糖、阿拉伯糖、葡萄糖、岩藻糖组成，物质的量比为 2.43:1.04:1.00:0.62:0.23；乌龙茶多糖相对分子质量为 107000，由葡萄糖、半乳糖、岩藻糖、阿拉伯糖、木糖组成，其单糖组成比为 44.20:41.99:6.08:5.52:2.21；而苦丁茶多糖由阿拉伯糖、半乳糖、葡萄糖、甘露糖、木糖等 5 种单糖组成，各单糖物质的量比为 10.2:8.0:5.4:1.2:1.0。

2. 植物多糖的结构

植物多糖的结构单位是单糖，以糖苷键相连接，常见的糖苷键有 α-(1→4)-、β-(1→3)-、β-(1→4)-和 α-(1→6)-糖苷键。结构单位可以连成直链，也可以形成支链，直链一般以 α-(1→4)-糖苷键和 β-(1→4)-糖苷键连成，支链中链与链的连接点常是 α-(1→6)-糖苷键。多糖的生物活性与其一级结构和高级结构有着密切的关系。

3. 植物多糖的生理功能

(1) 增强细胞免疫，抗肿瘤　植物多糖是良好的免疫调节剂，可提高机体淋巴细胞及巨噬细胞的数量和功能，提高人体血清免疫球蛋白 IgG 水平，促进各种细胞因子如干扰素、IL-1、IL-6、TNF 等的生成，具增强机体免疫力的作用，如黄芪多糖可促进巨噬细胞产生 IL-1，抑制 PGE_3 合成，增强 T 淋巴细胞的增殖。

植物多糖还具有抗肿瘤活性，主要是通过提高机体免疫力、抑制肿瘤 DNA 或 RNA 的合成来实现的，对肿瘤细胞有抑制或杀伤作用。如人参多糖能阻止肿瘤细胞进入增殖周期，激活机体免疫系统等途径发挥抗肿瘤作用。

(2) 降血糖、降血脂　植物多糖可有效保护和修复胰岛细胞，调节糖代谢酶活性、降低血糖水平，对糖尿病有显著的预防和治疗作用。人参多糖能使小鼠体内血糖和肝糖原含量降低，可用作抗糖尿病药物；百合多糖能修复胰岛 B 细胞、增强分泌胰岛素功能，从而降低血糖水平。

植物多糖还可降低血液中胆固醇、甘油三酯含量，具有抗动脉硬化的作用。植物多糖可降低血清中低密度脂蛋白胆固醇含量，降低血脂，减少患心血管疾病的发生概率，如南瓜多糖水溶液可有效改善脂代谢，降低血脂水平。

(3) 抗氧化、抗疲劳、抗衰老　植物多糖可抑制体内自由基的产生，也可以直接清除自由基；可促进超氧化物歧化酶（SOD）的释放，提高抗氧化酶的活性，以增强机体对自由基的清除能力和抗氧化能力，从而保护机体膜系统的稳定性，增强体力，抗疲劳，延缓衰老。枸杞多糖能提高小鼠肌糖原、肝糖原储备，增加乳糖脱氢酶的总活力，延长小鼠游泳时间，故能增强机体体力，消除疲劳。

（4）抗辐射　植物多糖具有保护细胞、增强肌体抗辐射损伤的功能。如茶多糖可提高^{60}Co照射后的小鼠成活率；黄芪多糖对微波所致的肾功能损害具有良好的防护及治疗作用，可修复由微波辐射诱发的染色体损伤；柴胡多糖能有效地防护^{60}Co射线对小鼠的辐射损伤，其有效程度与阳性药物盐酸胱胺接近。

（5）抗菌、消炎、抗病毒　植物多糖对细菌、真菌和病毒具有抑制作用。如花粉多糖、玉米须多糖具有对细菌和真菌的抑制活性，尤其对沙门菌、金黄色葡萄球菌的抑制作用较强；甘草多糖对牛艾滋病病毒、腺病毒、柯萨奇病毒均有较明显的抑制作用，对 AdV Ⅱ和CBV3 有明显的灭活作用。

二、植物活性多糖的加工技术

自 20 世纪 60 年代，人们对于植物中多糖的研究取得了明显的进步；不同的植物中的多糖具有不同的功效，所以对于植物中多糖的提取工艺的研究是很重要的。多糖的提取方法种类很多，传统的方法是热水浸提法、水提醇沉法。随着对植物多糖研究的逐渐深入，出现了许多新的提取分离方法，如酶解法、超声法和微波辅助提取法、超滤膜提取法、超临界流体萃取技术等。

1. 热水浸提法

热水浸提法是一种国内外最为常用的提取植物多糖的传统方法。多糖是极性大分子化合物，根据相似相溶原理，应使用乙醇等极性较强的溶剂，利用多糖溶于水而不溶于醇的性质，可以采用热水浸煮或冷水浸提渗滤提取多糖，用乙醇将多糖从提取液中沉淀出来。具体工艺流程为：首先将待提取植物粉碎→乙醚脱脂、含量80%的乙醇预热回流或水浸取→减压浓缩清洗过的植物经冷冻干燥→植物粗多糖。在浸提时间、温度以及乙醇和水的比例可采用正交试验及响应面分析等试验设计，最终得出植物多糖的最佳提取工艺。一般来说，醇含量在50%～60%可以去除淀粉，在75%时可除去蛋白质，在80%时基本可以除去全部蛋白质、多糖和无机盐。该工艺具有耗醇量大和时间长等不足之处，但因其成本低廉、工艺流程简单等特点，比较适宜于工业化大生产。

2. 溶剂浸提法

植物多糖大多是极性较强的高分子类化合物，具有易溶于水中，难溶于有机溶剂的特点。因此常采用的提取方法就是溶剂浸提法（水提醇沉法）：将活性植物进行脱脂处理之后，再分别用水、稀盐酸的水溶液浸提，浸提液适当浓缩后，加入醇类有机溶剂沉淀后即得粗多糖。这种工艺也和热水浸提法一样比较适用于工业化大生产。

3. 酶解提取法

酶解提取法是采用酶与热水浸提法相结合的方法，利用酶反应的高度专一性的性质，将植物细胞壁水解或降解，使得有效成分充分释放而被提取。常用的酶有果胶酶、纤维素酶酶及中性蛋白酶等。主要的方法有复合酶法、分别酶法和单一酶法。此法特别适用于纤维素含量丰富、有效成分含量很低，或是溶剂影响大易发生结构变化的植物中多糖的提取。目前将酶解与各种技术连用提取多糖，可以提高粗多糖的提取率，如超声酶法提取酶法与膜分离技术结合等。

4. 超声波和微波提取法

超声法和微波辅助提取法是通过物理手段来进行植物多糖提取的方法。超声波提取法是通过超声波的空化作用和强烈震动，破碎原料细胞壁，促进多糖的溶出。该法与传统热水提取法相比，大大缩短提取时间，减少能耗。具体工艺流程为：待提取的活性植物粉碎→乙醚浸泡→丙酮加热回流→除油脂和部分水溶性的色素→超声辅助提取→提取液离心除去游离蛋白质→透析、醇沉液离心收集沉淀→低温真空干燥→植物粗多糖。超声法因提取率高、缩短提取时间、提取温度低的特点，已被广泛应用于植物中有效成分的提取工艺中；但限于提取器的容积而不适合工业化大生产。

微波辅助提取法主要是利用微波穿透能力强和加热迅速的特点，使植物样品细胞内的极性物质尤其是水分子吸收微波能量产生大量热量，细胞内部温度迅速上升，使细胞内液态水汽化，产生压力冲破细胞膜和细胞壁，从而促进多糖的溶出。具体工艺流程为：植物碾碎成粉末状→微波处理→水浴→离心并取上清液、调 pH 值→酶灭活→离心取上清液加乙醇后沉淀并静置→减压过滤→洗涤沉淀→真空干燥得到植物粗多糖。微波具有加热效率高、选择性高、穿透性强等优点，提高了多糖提取速率和提取率。可在室温温度下提取所需的有效成分，操作简便，但因其耗电量大，易出现焦糊状态。由于超声波法和微波提取法可能会引起多糖结构的改变而影响多糖的活性，导致其应用有所局限。

5. 超滤膜提取法

超滤是一种膜分离技术，其原理主要是利用膜的筛分作用，以压差为传质推动力，根据分子量的不同将高分子物质与小分子物质分离的方法。超滤膜不仅能筛选出一定相对分子量范围的多糖，还能除去病菌热源胶体和蛋白质等大分子化合物，可以广泛应用于各种多糖的分离浓缩和纯化等研究中。具体工艺流程为：菌类植物孢子粉→浸提、过滤→浓缩滤液并去除蛋白→离心、再次过滤得多糖粗品。超滤法提纯多糖的收率高、工艺简单、无污染、单次处理量大，有良好的工业化应用，但易受到溶液黏性的影响。

6. 超临界流体萃取（SFE）技术

采用超临界流体萃取技术提取植物多糖，是指物质处于临界温度和临界压力的状态，在这个时候流体因为具有黏度小、密度大、溶解度大的特点，另外溶解度会伴随着压力的升高而升高，多采用 CO_2、氨、水等，平时最常使用的就是 CO_2，具体的操作过程为：新鲜植物叶→预处理，集凝胶→干燥、粉末→二氧化碳流体萃取、得到粉粒→提取出多糖。

多糖极性较大，用纯超临界 CO_2 流体基本无法萃取出多糖，需使用夹带剂，或考虑梯度超临界 CO_2 萃取，使用夹带剂可以使混入其中的超临界流体在物料中的扩散速度、溶质之间的范德华力与传统溶剂相比更为优良，且夹带剂的选择性多，可灵活调节。超临界流体萃取技术（SFE）具有提取率高的特点，但其设备要求较高，并且不适于强极性物质的提取。

三、植物活性多糖在功能食品中的应用

植物活性多糖小剂量可防病健身，是增强免疫力、延缓衰老的佳品，所以可将植物多糖作为重要的功能食品进行开发。近年来已有甘草多糖、枸杞多糖等被用来开发了多种功能食品，取得了较好的效果。在工业化生产中，可直接制成高浓度的多糖粗提液，然后进一步加工制成饮料、口服液，或作为营养强化剂直接加入食品中作为特殊人群的保健食品，使之由药品向功能食品转化。

第三节　膳　食　纤　维

一、概述

（一）膳食纤维的定义

1. 膳食纤维的定义

膳食纤维（dietary fiber）这一名词是在 1972 年，Trowell 等人在测定食品中各种营养成分时给出了膳食纤维的定义，即食物中不被消化吸收的植物成分。1976 年 TroweII 博士又将膳食纤维的定义扩展为"不被人体消化吸收的多糖类碳水化合物和木质素"。主要是指那些不被人体消化吸收的多糖类碳水化合物与木质素，以及植物体内含量较少的成分如糖蛋白、角质、蜡等。

1979 年第 93 届美国职业分析化学家学会（AOAC）年会上 Prosky 和 Harland 提出，希望能统一膳食纤维的定义和分类方法，同时为了营养改良及食品标签而定量膳食纤维的目的，他也着手从事于符合膳食纤维定义的分析方法的统一工作。并听取了世界范围内 100 多位科学家的意见。1981 年在加拿大渥太华进行的春季工作会议上，按照 Trowell 等在 1976 年提出的定义，就膳食纤维定量方法达成共识。

其中 Asp、Furda 和 Schweizer 等提出的测定方法被认为是较好的研究方法，在 Prosky 的倡导下，这些研究者（包括 Devries 和 Harland）建立了一种适合国际间合作研究的简单方法，约有 29 个国家的 43 个实验室成功地完成这项研究。这种方法被 AOAC 首次采纳作为测定总膳食纤维的方法（AOAC985.29 食品中总膳食纤维的酶——重量法）。基于同样成功的实验室间的合作研究，同年美国谷物化学家学会（AACC）也采纳了该方法（AACC32-05）。

1999 年 7 月 26 日 IFT（the Institute of Food Technologists）年会在芝加哥就膳食纤维的定义举行了专门的论坛；1999 年 11 月 2 日在 84 届 AACC 年会上举行专门会议对膳食纤维的定义进行了讨论。

膳食纤维定义为"凡是不能被人体内源酶消化吸收的可食用植物细胞、多糖、木质素以及相关物质的总和"。这一定义包括了食品中的大量组成成分如纤维素、半纤维素、木质素、胶质、改性纤维素、黏质、寡糖、果胶以及少量组成成分如蜡质、角质、软木质。AOAC985.29/AACC32-05，AOAC991.43/AACC32-07 法被作为一种事实上的定义方法。

2. 膳食纤维与粗纤维的区别

不同于常用的粗纤维（crude fiber）的概念，传统意义上的粗纤维是指植物经特定浓度的酸、碱、醇或醚等溶剂作用后的剩余残渣。强烈的溶剂处理导致几乎 100%水溶性纤维、50%～60%半纤维素和 10%～30%纤维素被溶解损失掉。因此，对于同一种产品，其粗纤维含量与总膳食纤维含量往往有很大的差异，两者之间没有一定的换算关系。

虽然膳食纤维在人体口腔、胃、小肠内不被消化吸收，但人体大肠内的某些微生物仍能降解它的部分组成成分。从这个意义上说，膳食纤维的净能量并不严格等于零。而且，膳食纤维被大肠内微生物降解后的某些成分被认为是其具有生理功能的一个原因。

（二）膳食纤维的分类

膳食纤维有许多种分类方法，根据溶解特性的不同，可将其分为不溶性膳食纤维和水溶性膳食纤维两大类。不溶性膳食纤维是指不被人体消化道酶消化且不溶于热水的那部分膳食纤维，是构成细胞壁的主要成分，包括纤维素、半纤维素、木质素、原果胶和动物性的甲壳素和壳聚糖，其中木质素不属于多糖类，是使细胞壁保持一定韧性的芳香族碳氢化合物。水溶性膳食纤维是指不被人体消化酶消化，但溶于温水或热水且其水溶性又能被 4 倍体的乙醇再沉淀的那部分膳食纤维。主要包括存在于苹果、橘类中的果胶，植物种子中的胶，海藻中的海藻酸、卡拉胶、琼脂和微生物发酵产物黄原胶，以及人工合成的羧甲基纤维素钠盐等。

按来源分类，可将膳食纤维分为植物来源、动物来源、海藻多糖类、微生物多糖类和合成类。

植物来源的有纤维素、半纤维素、木质素、果胶、阿拉伯胶、愈疮胶和半乳甘露聚糖等；动物来源的有甲壳素、壳聚糖和胶原等；海藻多糖类有海藻酸盐、卡拉胶和琼脂等；微生物多糖如黄原胶等。

合成类的如羧甲基纤维素等。其中，植物体是膳食纤维的主要来源，也是研究和应用最多的一类。

中国营养学会将膳食纤维分为总的膳食纤维、可溶膳食纤维和水溶膳食纤维、非淀粉多糖。

（三） 膳食纤维的化学组成与物化性质

1. 膳食纤维的化学组成

膳食纤维的化学组成包括三大类：①纤维状碳水化合物（纤维素）。②基质碳水化合物（果胶类物质等）。③填充类化合物（木质素）。其中，①、②构成细胞壁的初级成分，通常是死组织，没有生理活性。来源不同的膳食纤维，其化学组成的差异可能很大。

（1）纤维素及其衍生物　纤维素是吡喃葡萄糖经 β-(1→4)-糖苷键连接而成的直链线性多糖，聚合度大约是数千，它是细胞壁的主要结构物质。通常所说的"非纤维素多糖"（noncellulosic polysaccharides）泛指果胶类物质、β-葡聚糖和半纤维素等物质。

（2）半纤维素　半纤维素是由多种不同糖残基组成的一类多糖，主链由木糖、半乳糖或甘露糖聚合而成。它的种类很多，不同种类的半纤维素其水溶性也不同，有的可溶于水，但绝大部分都不溶于水。不同植物中半纤维素的种类、含量均不相同，其中组成谷物和豆类膳食纤维中的半纤维素有阿拉伯木聚糖、木糖葡聚糖、半乳糖甘露聚糖和 β-(1→3，1→4)-葡聚糖等数种。

（3）果胶及果胶类物质　果胶主链是经 α-(1→4)-糖苷键连接而成的聚半乳糖醛酸（GalA），主链中连有（1→2）鼠李糖（Rha），部分 GalA 经常被甲基酯化。果胶类物质主要有阿拉伯聚糖、半乳聚糖和阿拉伯半乳聚糖等。果胶能形成凝胶，对维持膳食纤维的结构有重要的作用。

（4）木质素　本质素并非多糖，它是由松柏醇、芥子醇和对羟基肉桂醇这三种单体组成的大分子化合物。天然存在的木质素大多与碳水化合物紧密结合在一起，很难将之分离开来。木质素是植物细胞壁的结构成分之一，没有生理活性，人和动物均不能消化木质素。

（5）抗性淀粉　抗性淀粉（resistant starch RS）是抗酶解淀粉的简称。1991年 EURESTA 将抗性淀粉定义为：健康人体小肠内不被消化吸收的淀粉及其降解物的总称。RS 天然存在于一些水果（如香蕉）及豆科植物中；含淀粉食品在某些加工过程中（如加热处理）也会产生 RS。据研究报道，RS 与可溶性膳食纤维具有相似的生理功能，但其理化特性不像可溶性膳食纤维那样容易保持高水分，因此将 RS 添加于饼干等低水分食品是极为有利的，且加入的 RS 不会产生类似沙砾的不适感，也不会影响食品的风味与质构。这也是 RS 备受人们关注的重要原因。

（6）植物胶　植物胶的化学结构因来源不同而有差别。主要成分是半乳甘露聚糖，还有蛋白质、纤维素、水分及少量钙、镁等无机元素。它可溶于水形成具有黏稠性的溶胶，起增稠剂的作用。

2. 膳食纤维的物化特性

从膳食纤维的化学组成来看，其分子链中各种单糖分子的结构并无独特之处，但由这些并不独特的单糖分子结合起来的大分子结构却赋予膳食纤维一些独特的物化特性，从而直接影响膳食纤维的生理功能。

（1）高持水力　膳食纤维化学结构中含有很多亲水基团，具有很强的持水力。不同品种膳食纤维其化学组成、结构及物理特性不同，持水力也不同。

膳食纤维的持水性可以增加人体排便的体积与速度，减轻直肠内压力，同时也减轻了泌尿系统的压力，从而缓解了诸如膀胱炎、膀胱结石和肾结石这类泌尿系统疾病的症状，并能使毒物迅速排出体外。

（2）吸附作用　膳食纤维分子表面带有很多活性基团，可以吸附螯合胆固醇、胆汁酸以及肠道内的有毒物质（内源性毒素）、化学药品和有毒医药品（外源性毒素）等有机化合物。膳食纤维的这种吸附整合的作用，与其生理功能密切相关。

其中研究最多的是膳食纤维与胆汁酸的吸附作用，它被认为是膳食纤维降血脂功能的机理之一。肠腔内，膳食纤维与胆汁酸的作用可能是静电力、氢键或者疏水键间的相互作用，其中氢键结合可能是主要的作用形式。

（3）对阳离子有结合和交换能力　膳食纤维化学结构中的羧基、羟基和氨基等侧链基团，可产生类似弱酸性阳离子交换树脂的作用，可与阳离子，尤其是有机阳离子进行可逆的交换，从而影响消化道的 pH、渗透压及氧化还原电位等，并出现一个缓冲能力更强的环境以利于消化吸收。

（4）无能量填充剂　膳食纤维体积较大，遇水膨胀后体积更大，易引起饱腹感。同时，由于膳食纤维还会影响可利用碳水化合物等成分在肠内的消化吸收，使人不易产生饥饿感。

（5）发酵作用　膳食纤维虽不能被人体消化道内的酶所降解，但却能被大肠内的微生物所发酵降解，产生乙酸、丙酸和丁酸等短链脂肪酸，使大肠内 pH 降低，从而影响微生物菌群的生长和增殖，诱导产生大量的好气有益菌，抑制厌气腐败菌。

不同种类的膳食纤维降解的程度不同，果胶等水溶性纤维素几乎可被完全酵解，纤维素等水不溶性纤维则不易为微生物所作用。同一来源的膳食纤维，颗粒小者较颗粒大者更易降解，而单独摄入的膳食纤维较包含于食物基质中的更易被降解。

膳食纤维的发酵作用由于好气菌群产生的致癌物质较厌气菌群少，即使产生也能很快随膳食纤维排出体外，这是膳食纤维能预防结肠癌的一个重要原因。另外，由于菌落细胞是粪便的一个重要组成部分，因此膳食纤维的发酵作用也会影响粪便的排泄量。

（6）溶解性与黏性　膳食纤维的溶解性、黏性对其生理功能有重要影响，水溶性纤维更易被肠道内的细菌所发酵，黏性纤维有利于延缓和降低消化道中其他食物成分的消化吸收。

在胃肠道中，这些膳食纤维可使其中的内容物黏度增加，增加非搅动层厚度，降低胃排空率，延缓和降低葡萄糖、胆汁酸和胆固醇等物质的吸收。

（四）膳食纤维的生理功能

关于膳食纤维的生理功能，美国 Graham 早在 1839 年和英国的 Allinson 在 1889 年就已提出，Allinson 认为假如食物中完全不含膳食纤维或麸皮，不但易引起便秘，而且还会引起痔疮、静脉血管曲张和迷走神经痛等疾病。1923 年 Kellogg 博士论述了小麦麸皮的医疗功能，可是这些早期的研究工作当时均未得到人们的重视。直到 20 世纪 60 年代，在大量的研究事实与流行病调查结果基础上，膳食纤维的重要生理功能才为人们所了解，并逐渐得到公认，现在它已被列入继蛋白质、碳水化合物、脂肪、维生素、矿物元素和水之后的第七营养素。

1. 调整肠胃功能（整肠作用）

膳食纤维能使食物在消化道内的通过时间缩短，一般在大肠内的滞留时间约占总时间的 97%，食物纤维能使物料在大肠内的移运速度缩短 40%，并使肠内菌群发生变化，增加有益菌，减少有害菌，从而预防便秘、静脉瘤、痔和大肠癌等，并预防其他合并症状。

（1）防止便秘　膳食纤维使食糜在肠内通过的时间缩短，大肠内容物（粪便）的量相对增加，有助于大肠的蠕动，增加排便次数，此外，膳食纤维在肠腔中被细菌产生的酶所酵解，先分解成单糖而后又生成短链脂肪酸。短链脂肪酸被当作能量利用后在肠腔内产生二氧化碳并使酸度增加、粪便量增加以及加速肠内容物在结肠内的转移而使粪便易于排出，从而达到预防便秘的作用。

（2）改善肠内菌群和辅助抑制肿瘤作用　膳食纤维能改善肠内的菌群，使双歧杆菌等有益菌活化、繁殖，并因而产生有机酸，使大肠内酸性化，从而抑制肠内有害菌的繁殖，并吸收掉有害菌所产生的二甲基联氨等致癌物质。粪便中可能会有一种或多种致癌物，由于膳食纤维能促使它们随粪便一起排出，缩短了粪便在肠道内的停留时间，减少了致癌物与肠壁的接触，并降低致癌物的浓度。此外，膳食纤维尚能清除肠道内的胆汁酸，从而减少癌变的危险性。已知膳食纤维能显著降低大肠癌、结肠癌、乳腺癌、胃癌、食管癌等癌症的发生。

（3）缓和由有害物质所导致的中毒和腹泻　当肠内有中毒菌和其所产生的各种有毒物质时，小肠腔内的移动速度亢进，营养成分的消化、吸收降低，并引起食物中毒性腹泻。而当有膳食纤维存在时可缓和中毒程度，延缓在小肠内的通过时间，提高消化道酶的活性和对营养成分正常的消化吸收。

（4）膳食纤维在消化道中可防止小的粪石形成，减少此类物质在阑尾内的蓄积，从而减少细菌侵袭阑尾的机会，避免阑尾炎的发生。

2. 调节血糖

膳食纤维中的可溶性纤维能抑制餐后血糖值的上升，其原因是延缓和抑制对碳水化合物的消化吸收，并改善末梢组织对胰岛素的感受性，降低对胰岛素的要求。水溶性膳食纤维随着凝胶的形成，阻止了碳水化合物的扩散，推迟了在肠内的吸收，因而抑制了碳水化合物吸收后血糖的上升和血胰岛素升高的反应。此外，膳食纤维能改变消化道激素的分泌，如胰汁的分泌减少，从而抑制了碳水化合物的消化吸收，并减少小肠内碳水化合物与肠壁的接触，从而延迟血糖值的上升。因此，提高可溶性膳食纤维的摄入量可以防止 2 型糖尿病的发生。但对 1 型糖尿病的控制作用很小。

3. 调节血脂

可溶性膳食纤维可螯合胆固醇，从而抑制机体对胆固醇的吸收，并降低血浆胆固醇 5%～10%，且都是降低对人体健康不利的低密度脂蛋白胆固醇，而高密度脂蛋白胆固醇降得很少或不降。相反，不溶性纤维很少能改变血浆胆固醇水平。此外，膳食纤维能结合胆固醇的代谢分解产物胆酸，从而会促使胆固醇向胆酸转化，进一步降低血浆胆固醇水平。流行病学的调查表明，纤维摄入量高与冠心病死亡的危险性大幅度降低有关。

4. 预防肥胖症

大多数富含膳食纤维的食物仅含有少量的脂肪。因此，在控制能量摄入的同时摄入富含膳食纤维的膳食会起到减肥的作用。黏性纤维使碳水化合物的吸收减慢，防止了餐后血糖的迅速上升并影响氨基酸代谢，对肥胖患者起到减轻体重的作用。膳食纤维能与部分脂肪酸结合，使脂肪酸通过消化道，不能被吸收，因此对控制肥胖症有一定的作用。

5. 消除外源有害物质

膳食纤维对汞、砷、镉和高浓度的铜、锌都具有清除能力，可使它们的浓度由中毒水平减低到安全水平。

可溶性和不溶性膳食纤维的各种性能比较见表 3-1。

表 3-1 可溶性和不溶性膳食纤维在生理作用方面的差别

生理作用	不溶性膳食纤维	可溶性膳食纤维
咀嚼时间	延长	缩短
胃内滞留时间	略有延长	延长
对肠内 pH 值的变化	无	降低
与胆汁酸的结合	结合	不结合
可发酵性	极弱	较高
肠黏性物质	偶有增加	增加
大便量	增加	关系不大
血清胆固醇	不变	下降
食后血糖值	不变	抑制上升
对大肠癌	有预防作用	不明显

（五） 膳食纤维的缺点

膳食纤维过量摄入可能造成以下一些副作用。

（1）束缚 Ca^{2+} 和一些微量元素　许多膳食纤维对 Ca、Cu、Zn、Fe、Mn 等金属离子都有不同程度的束缚作用，不过，是否影响矿物元素代谢还有争论。

（2）束缚人体对维生素的吸收和利用　研究表明，果胶、树胶和大麦、小麦、燕麦、羽扇豆等的膳食纤维对维生素 A、维生素 E 和胡萝卜素都有不同程度的束缚能力。由此说明膳食纤维对脂溶性维生素的有效性有一定影响。

（3）引起不良生理反应　过量摄入，尤其是摄入凝胶性强的膳食纤维，如瓜尔豆胶等会有腹胀、大便次数减少、便秘等副作用。

另外过量摄入膳食纤维也可能影响到人体对其他营养物质的吸收。如膳食纤维会对氮代谢和生物利用率产生一些影响，但损失氮很少，在营养上几乎未起很大作用。

（六） 膳食纤维的推荐摄入量

鉴于对人体有利的一面，过量摄入也可能有副作用，为此许多科学工作者对膳食纤维的合理摄入量进行了大量细致的研究。美国 FDA 推荐的成人总膳食纤维摄入量为 20～35g/d。美国能量委员会推荐的总膳食纤维中，不溶性膳食纤维占 70％～75％，可溶性膳食纤维占 25％～30％。

2000 年，我国营养学会提出，成年人膳食纤维适宜摄入量平均为 30.2g/d。我国低能量摄入（7.5MJ）的成年人，其膳食纤维的适宜摄入量为 25g/d。中等能量摄入的（10MJ）为 30g/d，高能量摄入的（12MJ）为 35g/d。膳食纤维生理功能的显著性与膳食纤维中的比例有很大关系，合理的可溶性膳食纤维和不溶性膳食纤维的比例大约是 1∶3。

二、膳食纤维的加工技术

膳食纤维的资源非常丰富，现已开发的膳食纤维共六大类约三十余种。这六大类包括：谷物纤维、豆类种子和种皮纤维、水果和蔬菜纤维、微生物、其他天然纤维以及合成和半合成纤维。然而，目前在生产实际中应用的只有10余种，利用膳食纤维最多的是烘焙食品。

膳食纤维依据原料及对其纤维产品特性要求的不同，其加工方法有很大的不同，必需的几道加工工序为原料粉碎、浸泡冲洗、漂白脱色、脱水干燥和成品粉碎、过筛等。

不同的加工方法对膳食纤维产品的功能特性有明显的影响。反复的水浸泡冲洗和频繁的热处理会明显减少纤维终产品的持水力与膨胀力，这样会恶化其工艺特性，同时影响其生理功能的发挥，因为膳食纤维在增加饱腹感预防肥胖症、增加粪便排出量预防便秘与结肠癌方面的作用，与其持水力、膨胀力有密切的关系，持水力与膨胀力的下降会影响膳食纤维这方面功能的发挥。高温短时的挤压机处理会对纤维产品的功能特性产生良好的影响。有试验表明，小麦与大豆纤维经挤压机处理后，由于高温、高剪切挤压力的作用，大分子的不溶性纤维组分会断裂部分连接键，转变成较小分子的可溶性组分，变化幅度达3%～15%（依挤压条件的不同而异），这样就可增加产品的持水力与膨胀力。而且，纤维原料经挤压后可改良其色泽与风味，并能钝化部分引起不良风味的分解酶，如米糠纤维。

（一）小麦纤维

小麦麸俗称麸皮，是小麦制粉的副产物。麸皮的组成因小麦制粉要求的不同而有很大差异，在一般情况下，所含膳食纤维约为45.5%，其中纤维素占23%，半纤维素占65%，木质素约6%，水溶性多糖约5%，另含一定量的蛋白质、胡萝卜素、维生素E、Ca、K、Mg、Fe、Zn、Se等多种营养素，某一分析结果见表3-2。在当今食品日趋精细时，不失为粗粮佳品。

加工方法：原料预处理→浸泡漂洗→脱水干燥→粉碎→过筛→灭菌→包装→成品。

麸皮受小麦本身及储运过程中可能带来的污染。往往混杂有泥沙、石块、玻璃碎片、金属屑、麻丝等多种杂质，加工前的原料预处理中去杂是一个重要步骤。其处理手段一般有筛选、磁选、风选和漂洗等。

因麸皮中植酸含量较高，植酸可与矿物元素螯合，从而影响人体对矿物元素的吸收，因此，对麸皮的植酸脱除成了小麦纤维加工的重要步骤。

先将小麦麸皮与50～60℃的热水混合搅匀，麸皮与加水量之比为（0.1～0.15）:1，用硫酸调节pH至5.0，搅拌保持6h，以利用存在于麸皮中的天然植酸酶来分解其所含有的植酸。随后，用 NaOH 调节 pH 至 6.0，在水温为 55℃条件下加入适量中性或碱性蛋白酶分解麸皮蛋白，时间 2～4h。然后升温至 70～75℃，加入 α-淀粉酶保持 0.5～3h 以分解去除淀粉类物质，再将温度提高至 95～100℃，保持 0.5h，灭酶同时起到杀菌的作用。之后分数次清洗、过滤和压榨脱水，再送到干燥机烘干至所需要的水分，通常是 7%左右。洗涤步骤有时也可在升温灭酶之前进行。

这样制得的产品为粒状，80%的颗粒大小为 0.22mm 范围内。其化学成分是：果胶类物质 4%、半纤维素 35%、纤维素 18%、木质素 13%、蛋白质≤8%、脂肪≤5%、矿物质≤2%和植酸≤0.5%，膳食纤维总量在 80%以上。这种产品对 20℃水的膨胀力为 4.7mL/g 并保持 17h 不变。该产品颗粒适宜，可直接食用也可与酸乳、面包等一起食用；若要加工成食品添加剂，只需再经粉碎过筛即可。

小麦纤维在加工制备时，考虑到其吸水（潮）性较强。因而生产过程必须连续，且容器的密闭性要求高，尤其是南方地区湿度较高，需对生产环境的相对湿度做一些特殊处理，以免产品吸潮过量而影响产品质量。

（二）大豆纤维

1. 大豆皮膳食纤维

工艺流程：大豆皮→粉碎→筛选→调浆→软化→过滤→漂白→离心→干燥→粉碎→成品。

以大豆的外种皮为原料，为增加外种皮的表面积，以便更有效地除去不需要的可溶性物质（如蛋白质），可用锤片粉碎机将原料粉碎至大小以全部通过 30～60 目筛为适度。然后加入 20℃左右的水使固形物浓度保持在 2%～10%，搅打成水浆并保持 6～8min，以使蛋白质和某些碳水化合物溶解，但时间不宜太长，以免果胶类物质和部分水溶性半纤维素溶解损失掉。浆液的 pH 值保持在中性或偏酸性，pH 值过高易使之褐变，色泽加深，pH 值低则色泽浅，柔和。

将上述处理液通过带筛板（325 目）振动器进行过滤，滤饼重新分散于 25℃、pH 为 6.5 的水中，固形物浓度保持在 10%以内，通入 0.01%的过氧化氢进行漂白，25min 后经离心机或再次过滤得白色的湿滤饼，干燥至含水分 8%左右，用高速粉碎机使物料全部通过 100 目筛为止，即得天然豆皮纤维添加剂。这个过程纤维最终得率为 70%～75%。

2. 多功能纤维

工艺流程：豆渣→湿热处理→脱腥→干燥→粉碎→筛选→成品。

多功能纤维（multifunction fiber additive，MFA）是由大豆种子的内部成分组成，与通常来自种子外覆盖物或麸皮的普通纤维明显不同。这种纤维是由大豆湿加工所剩的新鲜不溶性残渣为原料，经过特殊的湿热处理转化内部成分而达到活化纤维生理功能的作用，再经脱腥、干燥、粉碎和过筛等工序而制成，其外观呈乳白色，粒度小于面粉。

化学分析表明，MFA 含有 68%的总膳食纤维和 20%的优质植物蛋白，添入食品中既能有效地提高产品的纤维含量又有利于提高蛋白含量。所以，更确切地说应称之为"纤维蛋白粉"。表 3-2 为多功能纤维添加剂的氨基酸分析结果。

表 3-2　多功能纤维添加剂的氨基酸组成　　　　　　　　　　　　%

氨基酸	Asp	Thr	Ser	Glu	Gly	Ala	Cys	Val	Met
含量	9.98	4.58	5.46	14.66	5.82	4.46	0.66	5.54	1.46
氨基酸	Ile	Leu	Tyr	Phe	Lys	His	Arg	Hyp	Pro
含量	4.08	8.50	2.42	5.12	5.42	3.02	5.04	2.04	4.82

MFA 有良好的功能特性，可吸收相当于自身重量 7 倍的水分，也就是吸水率达到 700%，比小麦纤维的吸水率 400%高出很多。由于 MFA 的持水性高，有利于形成产品的组织结构，以防脱水收缩。在某些产品如肉制品中，它能使肉汁中的香味成分发生聚集作用而不逸散。此外，高持水特性可明显提高某些加工食品的经济效益，如在焙烤食品中添加它可减少水分损失而延长产品的货架寿命。这种多功能纤维添加剂能在很多食品中得到应用并能获得附加的经济效益。

（三）甜菜纤维

新鲜甜菜废粕洗净去杂质并挤干，分别用自来水、1.5%柠檬酸、95%乙醇浸泡 1h，然后用匀浆器打碎。用自来水冲洗，4 层尼龙布过滤至滤液变清。挤去水分，50℃下烘干，再用粉碎机磨成粉末。

该方法生产的产品食物纤维含量达到 76%～80%，持水能力为 6.1～7.8 克水/克干纤维，与一般食物纤维相比，甜菜纤维具有中等水平的持水能力，吸油能力为 1.51～1.77 克油/干纤维。

（四）玉米纤维

利用玉米淀粉加工后的下脚玉米皮为原料，用枯草芽孢杆菌 α-淀粉酶（0.02g/50g）及少量蛋白酶，在 60℃下酶解 90min 后过滤，干燥而得。酶法生产比酸法、碱法操作简单，设备要求低，产品中无机物含量低。也可由玉米秸经碱、酸水解后精制而得。

产品为乳白色粉末，无异味，含半纤维素 70%、纤维素 25%、木质素 5%，80℃时可吸水 6 倍。

（五）新型纤维

1. 壳聚糖

壳聚糖（chitosan）是以甲壳类物质为原料，脱去 Ca、P、蛋白质、色素等制备成甲壳素（chitin），然后进一步脱去分子中的乙酰基而获得的一种天然高分子化合物，其化学结构是 β-1,4-D-萄糖胺的聚合物，在结构上与纤维素很相似。由于这种特殊的化学结构，致使壳聚糖有高分子性能、成膜性、保湿性、吸附性、抗辐射线和抑菌防霉作用，对人体安全无毒，且具备可吸收性能。壳聚极不仅具有一般膳食纤维的生理功能，且具有一般膳食纤维所不具备的特性，如它是地球上至今为止发现的膳食纤维中唯一阳离子高分子集团，并且具有成膜性、人体可吸收性、抗辐射线和抑菌防霉作用等。这些特性使壳聚糖作为膳食纤维具备更优越的生理功能。

2. 菊粉

菊粉（inulin）是由 D-呋喃果糖分子以 β-(2→1)-糖苷键连接而成的果聚糖。菊粉在自然界中分布很广，某些真菌和细菌中含有菊粉，但其主要来源是植物。菊粉是一种水溶性膳食纤维，具有膳食纤维的营养功能。

菊粉主要从菊芋或菊苣块茎中提取，这两种植物来源丰富，菊粉含量高，占其块茎干重的 70% 以上。

生产工艺流程：菊芋块茎→清洗→切片→沸水提取→过滤→石灰乳除杂→阴离子交换树脂脱色→阳离子交换树脂脱盐→真空浓缩→喷雾干燥→菊粉成品

菊粉粗提液中通常含有蛋白质、果胶、色素等杂质，需要进一步纯化处理。参照制糖工艺，在提取液中添加石灰乳，可以有效去除非菊粉杂质，通过离子交换树脂去除提取液中各种离子成分，从而达到最终纯化菊粉提取液的目的。

食品中添加菊粉可以改善低能量冰淇淋的质构和口感；保持饮料稳定，增强饮料体积和口感；替代焙烤食品中的脂肪和糖分，提高焙烤食品的松脆性；改善肉制品的持水性；保持低能量涂抹食品的品质稳定性。

三、膳食纤维在功能食品中的应用

膳食纤维现已广泛应用于功能食品的开发，主要目的就是补充人体生理所需的膳食纤维量，改进产品的风味，以及提高产品的品质和附加值等。现就膳食纤维的主要应用作如下介绍。

（1）在焙烤食品中的应用　膳食纤维在焙烤食品中的应用比较广泛。丹麦自 1981 年就开始生产高膳食纤维面包、蛋糕、桃酥、饼干等焙烤食品，用量一般为面粉含量的 5%～10%，如其用量超过 10%，将使面团醒发速度减慢。因膳食纤维吸水性特强，故配料时应适当增加水量。

（2）在果酱、果冻食品中的应用　此类食品主要添加水溶性膳食果胶，所用果蔬原料主要是苹果、山楂、桃、杏、香蕉和胡萝卜等。

（3）在制粉业中的应用　利用特殊加工工艺，含麸量达 50%～60% 的面粉，适口性稍差于精白粉，但蛋白质含量、热量优于精白粉，粗脂肪低于精白粉，面粉质地疏松，可消化的蛋白量优于精白粉。国内市场仍处于开发和起步阶段。

（4）在制糖业中的开发应用　采用酶法生产工艺生产双歧杆菌的增殖因子——低聚糖，对双歧杆菌增殖效果明显，生产成本低，低热值，用途广，可实现工业化生产。

（5）在馅料、汤料食品中的应用　为了改变膳食纤维面食制品中外观质量，人们将膳食纤维与焦糖色素、动植物油脂、山梨酸、水溶性维生素、微量元素等营养成分以及木糖醇、甜菊苷等甜味剂混合后，加热制成膳食纤维馅料，可用于牛肉馅饼、点心馅、汉堡包等面食制品，效果较好。此外，也可在普通汤料中加入1％的膳食纤维后一同食用，同样能达到补充膳食纤维之目的。

（6）在油炸食品中的应用　取豆渣膳食纤维1kg，加水0.5kg，淀粉5kg，混匀后蒸煮30min，再加入食盐90g、糖100g、咖喱粉50g，混匀、成型，干燥至含水量15％左右，油炸后得油炸膳食纤维点心。也可在丸子中加入30％膳食纤维，混匀，油炸制成油炸丸子或油条。

（7）在饮料制品中的应用　膳食纤维饮料于10年前就已盛行欧洲。并于1988年风靡美国。日本雪印等公司从1986年起先后推出了膳食纤维饮料或酸乳，每100g饮料含2.5～3.8g膳食纤维，其销量势头良好。台湾多家食品公司也陆续生产出膳食纤维饮料，膳食纤维并在台湾饮料市场上异军突起。此外，也可将膳食纤维用乳酸杆菌发酵处理后制成乳清饮料。

（8）在其他食品中的应用　除上述应用之外，膳食纤维还可用于快餐、膨化食品、糖果、酸乳、肉类及其他一些功能性方便食品。

第四章 活性肽及其加工技术

活性肽是指有特殊生理功能的肽类物质。近年来随着 HPLC、氨基酸序列分析等技术的发展，人们发现活性肽类在人体内的消化吸收明显优于单个氨基酸。营养学试验证明，肽对人体内蛋白质的合成无任何不良影响，而且它具有促进钙的吸收、降血压、提高免疫力等生理功能。此外，活性肽具有良好的理化性质，良好的水合性，使其溶解度增加，黏度降低，胶凝性降低，发泡性降低，因而使得活性肽的加工性能良好。

可用于食品的活性肽获得的途径有三种：一是从天然生物体中提取天然活性肽如灵芝、姬松茸等；二是在消化过程中产生的或体外水解蛋白质产生的；三是通过化学方法、酶法、重组 DNA 技术合成的。从天然生物体中提取是可取的，但成本较高；而合成法虽可按人们的意愿合成任意活性肽，但目前因为成本高，副反应多及残留化合物等问题制约其发展；重组 DNA 技术如进一步成熟，将会有广阔前景。目前用得最多的是酶水解法，酶能在温和的条件下进行，且可通过选择酶的种类、控制反应时间来得到特定的活性肽。基于以上优点，人们开发了活性肽类功能食品。活性肽类功能食品在日本、美国以及西欧早已上市，而我国对活性肽的研究和开发尚处于起步阶段。

本章选取活性肽中比较有代表性，功能食品开发中使用较多的酪蛋白磷酸肽、谷胱甘肽、降血压肽作为范例，对其提取分离技术及在功能食品中的应用作详细介绍。

第一节 酪蛋白磷酸肽

一、概述

酪蛋白磷酸肽（casein phosphope ptides，CPP）是以牛乳酪蛋白为原料，经过单一或复合蛋白酶的水解，再对水解产物分离纯化后得到的含有磷酸丝氨酸簇的天然生理活性肽。CPP 能促进机体肠黏膜对钙、铁、锌和硒，尤其是钙的吸收和利用，被誉为"矿物质载体"。CPP 是目前唯一促进钙吸收的活性肽，同时在提高机体免疫力、改善繁殖性能等方面也有重要作用。与 CPP 相关的研究和功能食品开发越来越受到国内外学者和企业的广泛关注。

（一） 酪蛋白磷酸肽的结构和生理功能

1. 酪蛋白磷酸肽的结构

CPP 有 α 和 β 两种构型，分别由 α-酪蛋白和 β-酪蛋白水解分离纯化生成，其主要功能区是 αS1 （59-79） 5P 和 β （1-28） 4P，活性中心是成串的磷酸丝氨酸和谷氨酸簇，其结构可表示为-SerP-SerP-SerP-Glu-Glu-，现已证明该核心结构是发挥 CPP 生物活性必不可少的部分。CPP 分布于 αS1-酪蛋白和 β-酪蛋白等牛乳蛋白的不同区域，所以不同的酶作用于酪蛋白生成的 CPP 的分子量不同，而且，动物体内分离到的 CPP 分子链比体外水解产物短，因此，其磷酸解离常数也不同。

2. 酪蛋白磷酸肽的生理功能与作用机理

（1） 促进矿物质吸收　国内外针对 CPP 促进钙吸收的研究比较多，其中，促进钙吸收的机理已渐清晰。CPP 促进钙质吸收的方式有两种：一种是在十二指肠的上端，在维生素 D 的存在下，可促使钙以主动方式吸收。另外一种是在回肠及其末端，以被动方式吸收，它与前者不同，不直接受到机体功能、营养状况、年龄等影响。CPP 促进钙的吸收以后一种方式为主。CPP 促进矿物质吸收的机理是：CPP 带有较多负电荷，既可以抵抗消化道中各种酶的水解，又可以通过磷酸丝氨酸与钙、铁等离子螯合形成可溶物，从而有效地防止溶解的金属离子在小肠中性或偏碱环境中与磷酸根结合而形成磷酸盐沉淀，同时可有效地增加矿物质在体内的滞留时间，CPP 与金属离子的螯合物被肠黏膜吸收后再释放出 CPP。CPP 抑制磷酸盐沉淀的机理是：磷酸盐在初始形成时是无定形的，之后逐渐转变成晶体形式，CPP 黏附于晶体表面，从而阻止晶体增长，但 CPP 不能使已形成的磷酸盐沉淀溶解。大量的实验研究从机理和效果方面证明了 CPP 具有提高钙、铁、锌等矿物质吸收利用的作用。

（2） 促进牙齿、骨骼中钙沉积和钙化　酪蛋白磷酸肽-磷酸钙溶液能凭借高钙磷浓度梯度促进牛牙釉质早期人工龋的再矿化。防止牙细菌产生的酸对牙釉质的脱矿质作用，具有抗龋齿功能。具体机理为：CPP 磷酸丝氨酸簇结合钙后，以非结晶形式定位在牙蚀部位。磷酸丝氨酸钙盐提供自由的 Ca^{2+} 和 PO_4^{3-} 缓冲液，减少了釉质的脱矿，增强其再矿化，从而有效防止牙蚀细菌的侵蚀和造成脱矿物质的过程。CPP 之所以能促进钙的沉积和钙化，一般认为是它在提高钙的吸收利用的同时，减少了破骨细胞的作用，抑制了骨的再吸收。CPP 在 CPP/Ca 比值为 4 时能显著促进大鼠钙的吸收和利用，提高股骨骨钙含量，增加骨密度 CPP。在没有维生素 D 参与的情况下可促进钙的吸收，这对于患有佝偻病的小孩服用酪蛋白的胰酶消化液，可以强化骨骼的钙化。

（3）增强动物机体免疫力　CPP 结构中起免疫调节作用的部位是含有 3 个氨基酸残基的小肽，且 N 端和 C 端分别是一个磷酸丝氨酸残基，即 Ser-P-X-Ser-P 结构。CPP 通过 Ser-P 钙离子形成复合物阻止磷酸钙沉淀的产生从而促进钙离子的吸收，而钙离子能够通过改变脂分子功能来帮助 T 淋巴细胞活化，提高其对外来抗原的敏感性，从而帮助机体清除病原体提高免疫力。CPP 还通过调节淋巴细胞因子的水平来调节动物免疫功能。

（4）其他生理功能　CPP 还具有促进动物体外受精和诱导细胞凋亡等生理功能。通过牛、猪体外试验表明，CPP 可明显促进精子进入卵细胞和体外精卵细胞的融合，其原因是 CPP 促进精子对钙离子的吸收，增强精子顶体的反应能力，提高精子对卵细胞的穿透能力。酪蛋白磷酸肽的促肿瘤细胞凋亡的作用已经在人肠上皮腺瘤细胞 HT-29 细胞、Caco 细胞、白血病细胞 HL-60 以及神经胶质瘤细胞 PC12 等细胞模型中得到证明。

二、酪蛋白磷酸肽的加工技术

目前工业制备 CPP 的方法主要有钙-乙醇沉淀法、离子交换法和膜分离法三种。其生产过程可大致分为酪蛋白的水解和 CPP 的分离两步。下面以前两种方面为例，介绍酪蛋白磷酸肽的制备技术。

（一）钙-乙醇沉淀法

1. 原理

在原料中加入特异性蛋白酶，将原料中的蛋白质酶解为所需氨基酸序列的多肽，然后加热灭活酶，利用乙醇在低温条件下除去蛋白质分子表面水化膜使其沉淀而得到分离。

2. 工艺流程

酪蛋白→胰蛋白酶水解→酪蛋白水解液→钙-乙醇沉淀→分离→干燥→CPP 产品，如图 4-1 所示。

3. 工艺流程说明

（1）原料　可直接选用酪蛋白为原料，但成本较高。一般工业生产多选用鲜牛乳或羊乳为原料制备酪蛋白。

（2）酪蛋白制备　酪蛋白的等电点为 4.6，通常调节 pH 值至等电点，经酸沉淀制备酪蛋白。

（3）酶的选择　胰蛋白酶是目前认为特异性最强的水解酶，也可选用酶蛋白酶、凝乳酶等。还有研究表明采用复合酶酶解，如胃蛋白酶-胰蛋白酶、碱性蛋白酶-胰蛋白酶、凝乳酶-胰蛋白酶等，比单一酶法效果好。

（4）酶水解条件　酪蛋白浓度为 10%～15%，酪蛋白：酶为 100：1，在 Tris-

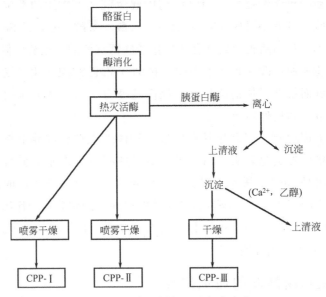

图 4-1　钙-乙醇沉淀法制备酪蛋白磷酸肽（CCP）

HCl 缓冲液环境下水解，水解反应 pH 8.0，温度为 37℃，时间为 4h。

（5）离心分离　调节水解液至 pH 4.6，4℃，8000r/min 离心 15min，弃去沉淀。

（6）沉淀　在上清液中加入氯化钙和无水乙醇，使终浓度达到 1% 和 50%。沉淀多肽，再次离心，弃去上清液。

（7）溶解沉淀　将沉淀溶解于 0.2mol/L pH 为 5.5 的柠檬酸-柠檬酸钠缓冲液，使沉淀终浓度为 6%。

（8）减压加热干燥　干燥温度 60～70℃，压力 0.10MPa。

（二）离子交换法

1. 原理

在原料中加入特异性蛋白酶，将原料中的蛋白质酶解为所需氨基酸序列的多肽，然后加热灭酶，经离子交换分离得到多肽成品。

2. 工艺流程

具体工艺流程如图 4-2 所示。

3. 工艺流程说明

（1）制备 CPP 初品　同钙-乙醇沉淀法工艺流程说明中（1）至（5）。

（2）离子交换分离　选用阳离子交换树脂，进样速度为 350mL/h，pH 5.0。

（3）洗脱　进样结束后，用清水进行洗脱，收集洗脱液至第一峰完全洗出。

（4）冷冻干燥　－40℃条件下预冷 2h，然后在－60℃冷冻干燥机中干燥 24h，真空度 0.20MPa。

图 4-2　离子交换法制备酪蛋白磷酸肽（CCP）

三、酪蛋白磷酸肽在功能食品中的应用

我国民众的膳食结构中以植物性食物为主，其中含有大量影响钙、铁、锌吸收的因子，如植酸、草酸和纤维素等。因此，钙缺乏是我国居民普遍存在的营养问题。这就是国内补钙类功能食品常年畅销不衰的原因。此外，我国居民最易缺乏的矿物质还有铁和锌。酪蛋白磷酸肽（CPP）不仅可以促进钙的吸收，还对铁和锌的吸收利用也有良好的促进效果。这就使得 CPP 在营养强化食品和功能食品中的应用备受瞩目。因此开发添加 CPP 的营养食品和功能食品，可有达到效补充人体所缺矿物质的目的，满足人们的营养需求。

酪蛋白磷酸肽（CPP）在功能食品中的应用主要体现在补钙类功能食品中的添加。补钙类产品大致经历了以下四个发展阶段。

① 无机钙阶段：向人体补充碳酸钙、磷酸氢钙等无机钙盐。

② 有机钙阶段：向人体补充乳酸钙、葡萄糖酸钙等，以增加钙的摄入。

③ 钙-维生素 D 阶段：在补钙产品中同时强化维生素 D，以提高钙的吸收利用率。

④ 钙-CPP 阶段：即用 CPP 替代维生素 D，因为维生素 D 过量摄入时对人体有一定的毒副作用。CPP 不仅能促进钙的吸收和利用，而且是从酪蛋白经生物技术提取出来的产品，是名副其实的"天然牛乳精华"，因此在补钙产品中添加最为合适。具体应用有以下几个方面。

（1）在饮料中的应用　CPP 在饮料中的应用显示出其独特的优点，可保持钙、铁在饮料中的稳定性，有助于形成良好的风味。在饮料中多采用高纯度的 CPP，其添加量为钙含量的 0.35 倍以上。高纯度的 CPP 在酸性饮料中稳定性和透明度均极佳，应用广泛方便。

（2）在固体食物中的应用　CPP 还广泛应用到焙烤食品、儿童小食品、口香糖等固体食品中。在固体中一般采用中低纯度的 CPP，添加量为钙含量的 2.5 倍以上。

（3）在其他方面的应用　CPP 除应用到功能食品中，还制成胶囊和片剂等，用于治疗骨质疏松症和佝偻病等钙缺乏引起的疾病；或制成抗龋齿的牙膏或含片等。

第二节　谷胱甘肽

一、概述

谷胱甘肽（glutathione，GSH）是广泛分布于哺乳动物、植物和微生物细胞内最主要的、含量最为丰富的含巯基的低分子肽。日本等国在 20 世纪 50 年代就开始研究将其应用于食品中，现在已在食品加工的各个领域得到广泛应用。我国对谷胱甘肽的研究起步比较晚，尤其在功能食品中的应用尚属初始阶段。

1. 谷胱甘肽的结构

1921 年 Hopkins 首先发现了谷胱甘肽，1930 年其化学结构得到确证，接着 Rudingen 等人先后化学合成了谷胱甘肽，1938 年利用酵母制备谷胱甘肽的最早专利发表。谷胱甘肽即 γ-L-谷氨酰-L-半胱氨酰甘氨酸，是由 L-谷氨酸、L-半胱氨酸和甘氨酸经肽键缩合而成的一种同时具有 γ-谷氨酰基和巯基的生物活性三肽化合物（图 4-3）。作为生物体内的非蛋白巯基化合物，谷胱甘肽主要有还原型（GSH）和氧化型（GSSG）两种形态，其中，大约 90％以上是以还原型谷胱甘肽的形式存在，并在机体中起主要的生理调节作用。

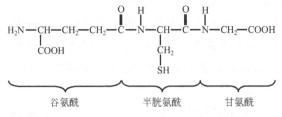

图 4-3　谷胱甘肽的化学结构

谷胱甘肽的相对分子质量为 307.33，存在于所有生物细胞中，而以酵母、谷物种子胚芽、人体和动物的心脏、肝脏、肾、红细胞和眼睛晶状体中含量较高，熔点为 189～193℃（分解）。谷胱甘肽的晶体呈无色透明细长柱状，等电点为 5.93。谷胱甘肽的主要生物学功能是保护生物体内蛋白质的巯基，从而维护蛋白质的正常生物活性，同时它又是多种酶的辅酶和辅基。分子中含有一个特异的 γ-肽键，由谷氨酸的 γ-羧基与半胱氨酸的 α-氨基缩合而成，且半胱氨酸侧链基团上连有一个活泼巯基，是其许多重要生理功能的结构基础。

2. 谷胱甘肽的生理功能

（1）抗氧化、抗衰老作用　谷胱甘肽是体内的一种重要的抗氧化剂，能够清除人体的自由基，清洁净化人体的体内环境。由于还原型谷胱甘肽本身易受某些物质氧化，所以它在体内能够保护其他许多蛋白质等分子中的巯基不被自由基等有害物质氧化，同时它还是谷胱甘肽还原酶的底物，可与过氧化物酶共轭，清除体内的过氧化氢和过氧化脂质，抵御细胞脂质的过氧化损伤，从而起到预防癌症和延缓衰老的作用。

（2）解毒作用　谷胱甘肽是生物体的一种解毒物质，它可与外界侵入生物体内的各种有毒化合物、重金属离子以及致癌物质等有害物质相结合，并促使其排出体外，起到中和解毒的作用。临床上已利用谷胱甘肽来解除丙烯腈、氟化物、一氧化碳、重金属及有机溶剂等的中毒现象。

（3）抗辐射作用　谷胱甘肽对于放射线、放射性药物或由于抗肿瘤药物所引起的血细胞减少等症状，起到强有力的保护作用。谷胱甘肽也可用于治疗因放疗而引起的硬皮病、皮肌炎、红斑狼疮等疾病，对有可能受到电离辐射的人员，也可注射本品作为保护措施。

（4）其他功能　谷胱甘肽还能纠正乙酰胆碱及脂碱酯酶的不平衡，起到抗过敏的作用；并可缓解因缺氧血症、恶心及肝脏疾病等引起的不适，抑制乙醇侵害肝脏产生脂肪肝；防止皮肤色素沉积改善皮肤光泽；改善性功能及治疗眼角膜疾病。

二、谷胱甘肽的加工技术

目前，谷胱甘肽的生产方法主要有萃取法、化学合成法、发酵法、固定化细胞（或酶）法等。下面就对以上方法进行逐一介绍。

（一）萃取法

萃取法是生产谷胱甘肽的经典方法，也是发酵法生活流程中下游工程的基础。它主要是从高含量谷胱甘肽的动植物组织中提取谷胱甘肽所采用的一种方法，如从鼠血、鼠肝、鸡血、植物种子胚芽、酵母中提取谷胱甘肽。基本工艺流程如图 4-4 所示。

图 4-4　萃取法制备谷胱甘肽的一般工艺流程

（二）化学合成法

化学合成法生产谷胱甘肽始于 20 世纪 70 年代，其主要原料是谷氨酸、半胱氨酸、甘氨酸等，用氨基酸作原料合成谷胱甘肽，大体上是经过基团保护、缩合、脱保护三个阶段，其合成路线见图 4-5。目前谷胱甘肽的化学合成生产工艺已较成熟，但存在成本高、反应步骤多、反应时间长、操作复杂、需光学拆分和环境污染等问题。因此，新近又发展了固相合成和液相合成技术，具有操作便利、利于纯化分离、试剂回收等优点。

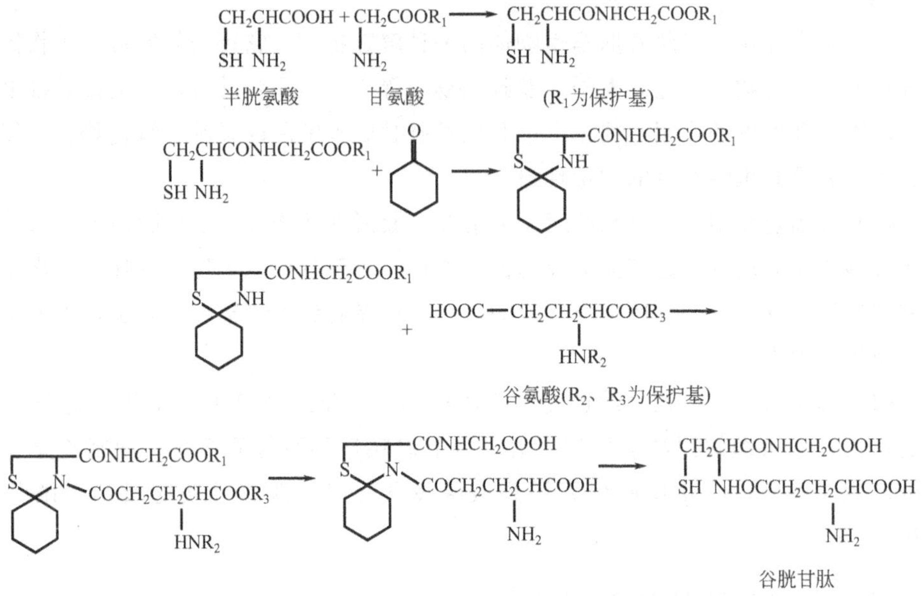

CH$_2$CHCOOH + CH$_2$COOR$_1$ → CH$_2$CHCONHCH$_2$COOR$_1$
SH NH$_2$　　　 NH$_2$　　　　　 SH NH$_2$
半胱氨酸　　　甘氨酸　　　　　(R$_1$为保护基)

CH$_2$CHCONHCH$_2$COOR$_1$ + 环己酮 → S—NH环 —CONHCH$_2$COOR$_1$
SH NH$_2$

S—NH—CONHCH$_2$COOR$_1$ + HOOC—CH$_2$CH$_2$CHCOOR$_3$ →
　　　　　　　　　　　　　　　　　　HNR$_2$
谷氨酸(R$_2$、R$_3$为保护基)

S N —CONHCH$_2$COOR$_1$ / —COCH$_2$CH$_2$CHCOOR$_3$ (HNR$_2$) → S N —CONHCH$_2$COOH / —COCH$_2$CH$_2$CHCOOH (NH$_2$) → CH$_2$CHCONHCH$_2$COOH / SH NHOCCH$_2$CH$_2$CHCOOH (NH$_2$)
谷胱甘肽

图 4-5　化学合成谷胱甘肽路线图

（三）发酵法

自 1938 年发表了由酵母制备谷胱甘肽的最早专利以来，发酵法生产谷胱甘肽的工艺及方法不断地得到改进，已成为目前生产谷胱甘肽最普遍的方法。发酵法生产谷胱甘肽包括有酵母菌诱变处理法、绿藻培养提取法及固定化啤酒酵母连续生产法等，其中以诱变处理获得高谷胱甘肽含量的酵母变异菌株来生产谷胱甘肽最为常见。酵母诱变方法有药剂处理法、X 射线、紫外线、γ 射线或 ^{60}Co 照射等方法，其中药剂处理较容易掌握，投资也较小。表 4-1 列举了目前国内外通过诱变选育得到的一系列 GSH 高产菌。

表 4-1　GSH 高产菌的国内外诱变选育情况

出发菌株	诱变方式	筛选方法	诱变菌 GSH 产量	增量
S. cerevisiae	紫外线、氯化理、亚硝基胍	乙硫氨酸、1,2,4-三氮唑	290.6mg/L	171.3%
	紫外线	乙硫氨酸	胞内含量为 2.2%	62.9%
	紫外线、亚硝酸	氯化锌、半胱氨酸	84.72mg/L	2.79 倍
	紫外线、硫酸二乙酯	氯化锌、乙硫氨酸	90.91mg/L	118.1%
	紫外线、等离子射线	氯化锌、氯化汞	75.48mg/L	118.40%
Candida utilis	紫外线、亚硝酸胍	乙硫氨酸、氯化锌、三氮唑	864mg/L	4.9 倍
	紫外线、γ 射线	乙硫氨酸	—	26%

1. 酵母发酵法

发酵法生产谷胱甘肽所采用的微生物一般是酵母，图4-6为从酵母细胞中提取谷胱甘肽的工艺流程。由于谷胱甘肽是胞内产物，所以在提高菌株谷胱甘肽合成能力的同时，发酵培养时还应设法提高细胞浓度。提高发酵最终的酵母细胞浓度和胞内谷胱甘肽含量可用不同方法：①由酵母发酵活力与比生长速率的关联式，结合指数流加培养模式等，实现酵母培养过程的高产率和高发酵活力的统一；②研究添加氨基酸和酵母膏对谷胱甘肽合成的影响。据报道，添加0.6%酵母膏并补糖，可使谷胱甘肽产量提高48%；③酵母的分批发酵培养中控制比生长速率、对乙醇浓度的模糊控制等，也可使谷胱甘肽生产能力最大化。

图4-6　酵母细胞中提取谷胱甘肽的工艺流程

2. 重组大肠杆菌工程菌发酵法

20世纪80年代以来，随着基因工程技术的飞速发展，应用基因工程技术构建大肠杆菌谷胱甘肽生产菌的研究有了很大进展。其生产工艺流程如图4-7所示。

菌种→斜面培养→种子培养→扩大培养→流加培养→离心→提取→浓缩→干燥→成品

图4-7　重组大肠杆菌发酵法制备提取谷胱甘肽的工艺流程

重组大肠杆菌生产谷胱甘肽的合成酶系最佳pH为7.2，在培养过程中保持pH的相对稳定有利于大肠杆菌的生长和谷胱甘肽合成酶系的合成。重组大肠杆菌的最佳生长温度和最佳产酶温度均37℃。在重组大肠杆菌的培养过程中，可采用37℃恒温培养，而不必进行变温培养。

（四）固定化细胞（或酶）法

利用生物体内的天然谷胱甘肽合成酶，以L-谷氨酸、L-半胱氨酸及甘氨酸为底物，并添加少量ATP可合成谷胱甘肽。其工艺流程如图4-8所示。

酶合成反应需要ATP的参与，从经济上考虑，高效、低成本的谷胱甘肽合成首先必须有一个廉价的ATP再生方法。可以用乙酸激酶再生ADP为ATP，但因乙酰磷酸昂贵、易分解而并不实用，也可先采用酵母的糖酵解途径再生ATP，然后由 E.coli 利用ATP合成谷胱甘肽的方法。但因为糖酵解再生ATP和谷胱甘肽合成酶反应的最佳条件差别太大，在两种细胞间的传质效率不高，效果也不好。因

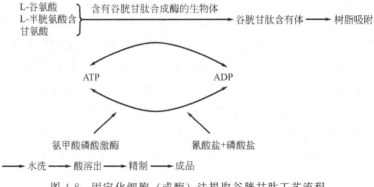

图 4-8　固定化细胞（或酶）法提取谷胱甘肽工艺流程

此，对以 ATP 为能源的酶催化合成反应，ATP 的高效、低成本供给问题是能否实现这些酶合成反应工业化的关键和限制因素之一。

利用酵母细胞自身的谷胱甘肽合成酶和糖酵解途径产生的 ATP 合成谷胱甘肽，虽然产量不是很高，但为利用基因工程酵母细胞大量合成谷胱甘肽提供了借鉴。即最好克隆表达 *E. coli* 菌种的谷胱甘肽合成酶基因，因为 ADP 对它的抵制作用比酵母弱，能实现高效率、低成本的生产谷胱甘肽。更进一步，也可以将其他需要 ATP 才能进行反应的酶基因克隆表达在酵母细胞中，利用廉价的腺苷转化生成的大量 ATP 进行反应。因此，利用含谷胱甘肽合成酶基因的工程菌生物合成谷胱甘肽是最有前途的方法。

三、谷胱甘肽在功能食品中的应用

将谷胱甘肽应用于功能食品的研发在我国虽刚刚起步，但其独有的生理功能正日益受到人们的重视。

（1）在乳制品及婴儿食品中应用　在酸乳或婴儿食品中加入谷胱甘肽，可以起到抗氧化和稳定剂的作用。有效地防止乳制品的酶促和非酶促褐变，不仅改善口味，并最大限度地提高乳制品的品质。

（2）在面制品中的应用　谷胱甘肽加入到面制品后，可起到还原作用，同时从营养上也起到了强化氨基酸的作用。从食品工艺上谷胱甘肽能直接或间接地切断面筋蛋白质分子间的二硫键，从而影响蛋白质的三维网状结构和面团的流变性质，可较大程度地控制面团的黏度，降低面团的强度，如将其添加到面包原料中，可缩短制作过程中的混揉时间。

（3）在肉制品及海鲜类制品中的作用　利用谷胱甘肽的抗氧化作用，在肉类和海鲜类食品中添加谷胱甘肽，不仅可以延长保鲜期，还可以防止褐变，保持食品的色泽。另外，谷胱甘肽在 L-谷氨酸钠、核酸系呈味物质或与它们的混合物共存时，具有很强的肉类风味；在鱼糕中加入谷胱甘肽可抑制核酸，增强风味；在肉制品、干酪等食品中添加同样具有强化风味的效果。

（4）在果蔬制品和饮料中的应用　在水果蔬菜类食品加工中添加谷胱甘肽可起到维生素 C 的作用，有利于保持原有的营养和色香味，并可防止色素沉着，防止褐变。谷胱甘肽在各类饮料中的应用，常以富含谷胱甘肽的酵母提取物添加到饮料中。

第三节　降血压肽

一、概述

血管紧张素转化酶抑制肽（angiotensin converting enzyme inhibitory peptides，ACEIP）又称降血压肽，通常是由蛋白质水解酶在温和条件下水解蛋白质而获得的一类功能性多肽。它具有生理调节作用，突出优点是对高血压患者具有降血压作用，而对正常人无影响。同时，具有免疫、促进减肥及增强消化吸收等生理功能，成为了功能食品研究领域的热点之一。

1. 降血压肽的结构

降血压肽首次从南美洲蝮蛇的毒液中发现，以后相继从日本蝮蛇、中国蝮蛇以及许多天然动植物蛋白水解产物中发现类似作用的多肽。一般认为，降血压肽的活性与自身的特性有着极其紧密的关系。尽管对降血压肽的研究已经长达 50 年之久，可是其氨基酸的构效与活性的关系一直没有完全搞清楚，这是目前关于降血压肽研究的一个薄弱环节。

马海乐等从数据库中共收集了 270 多种不同氨基酸序列的降血压肽，通过对这些降血压肽两端氨基酸进行分析，结果如表 4-2 所示。

表 4-2　降血压肽链两端氨基酸性质分析表

氨基酸性质	出现频率/%
N 端非疏水氨基酸	46.7
N 端疏水氨基酸	53.3
C 端非疏水氨基酸	40
C 端疏水氨基酸	60
两端均为非疏水氨基酸	17
两端均为疏水氨基酸	30.4
肽链两端至少一个疏水氨基酸	83
N 端芳香族氨基酸	17.4
C 端芳香族氨基酸	26.7

综合以上学者的研究结果，可初步得出以下结论。①N 端对于抑制 ACE 的活性也有相当重要的作用。N 端最具活性的是长链或者具有支链的疏水性氨基酸，当 N 端氨基酸为 Val 或 Ile、Arg 时有较高的 ACE 抑制活性，而当 N 端为 Pro 时活性降低，N 端氨基酸 Phe、Asn、Ser、Gly 依次降低。②大多数天然降血压肽的 C 端都具有 Pro，当 Pro 位于 C 端倒数第二个氨基酸残基位置时活力相对较弱，C 端倒数第三个氨基酸为芳香族氨基酸，有助于降血压肽与 ACE 的结合。当 C 端氨基酸为 Trp、Tyr、Pro 和 Phe 时，与 ACE 结合最强，当 C 端氨基酸为酸性氨基酸时结合能力最弱。③当 N 端氨基酸固定，C 端氨基酸变化时，ACE 抑制活性变化巨大，而当 C 端氨基酸固定，N 端氨基酸变化时抑制活性的变化范围较小。疏水性氨基酸对于肽正确进入 ACE 活性中心是必要的，而亲水性的肽段其 ACE 抑制活性降低。

2. 降血压肽的来源

Oshima 等首次报道了利用细菌胶原酶水解凝胶并从其水解物中分离出 6 条 ACE 抑制肽，此后从其他食品蛋白质中分离的 ACE 抑制肽相继出现。目前，制备降血压肽的来源归纳起来主要有植物蛋白、动物蛋白和微生物代谢产物三大类。

(1) 植物蛋白来源的降血压肽　大豆是用来提取降血压肽的最为重要的植物原料。大豆多肽由 2～12 个氨基酸组成，相对分子质量为 1000～2000。王喜波等将大豆分离蛋白水解制取降血压肽，得到产品分子质量连续分布在 200～800kDa，主要是由 2～7 肽构成。大米蛋白含有大量疏水性氨基酸，选择合适蛋白酶，在特异性位点进行酶解，能得到大量含 C 端为疏水性氨基酸的肽片段，可生成具抑制 ACE 的活性多肽。此外，许多国内外学者还对提制得的降血压肽进行了大鼠的动物实验，验证了其降血压功效。

(2) 动物蛋白来源的降血压肽　目前，研究最广泛的是从牛乳中提取降血压肽。经试验发现，在酪蛋白水解物中可获得具有抑制 ACE 活性的小肽以来，乳源降血压肽研究成为乳品研究新热点。现已从乳酪蛋白、乳清蛋白、发酵乳等产品中发现大量降血压肽。水产品是另一个研究广泛的制备降血压肽的来源。现已有从河蚌、乌贼的蛋白水解液中制取和分离提纯降血压肽的研究报道，并对其分子量和氨基酸序列进行了分析。另有很多学者将研究焦点投向了更具经济效益和社会效益的水产品加工副产物，已有报道从海狸鱼鳞和罗非鱼鱼鳞等水产品下脚料中提取出了降血压肽。此外，鸡蛋蛋白质经酶解后可形成具降血压作用小肽，这些肽作为功能性食品主要成分，可开发出降血压类功能食品，且蛋清和蛋黄均为制备降血压肽的良好原料。

（3）富含蛋白质的食品在发酵后经常会产生降血压肽　微生物往往会分解利用食品中蛋白质，并将某些肽段甚至氨基酸作为代谢产物排出。酸乳是一种活性肽来源丰富的发酵食品，Itou 等先后在不同菌种发酵酸乳中都得到具有抑制 ACE 活性的肽段。东方人所喜爱的传统发酵豆制品也是降血压肽的很好来源。另外，在酱油、豆豉、印尼卤豆腐（tempeh）及其他许多发酵豆制品中也都发现含有丰富的降血压肽。

二、降血压肽的加工技术

目前，已从多种天然原料及下脚料中分离出了具有降血压功能的活性多肽。采用的工艺技术主要包括酶解法、发酵法、自溶法和重组法等。对降血压肽提纯时，一般按照超滤、凝胶过滤色谱、反向高效液相色谱顺序得到纯品，最后通过质谱确定活性组分分子量。

1. 酶解法

酶解法是目前最常用制取降血压肽的方法。由于提取原料的蛋白质一级结构一般是未知的，且具有抑制 ACE 作用的降血压肽也没固定结构，所以酶法生产降血压肽存在一定盲目性，重点是应根据不同原料选择合适的酶。酶具有作用专一性强、反应条件温和、无不良副反应、反应进程易控制等特点。具体的工艺流程如图4-9 所示。

植物原料→碱处理→离心→上清液→调节 pH（沉降蛋白质）→加入蛋白酶→灭酶→

色谱分析/超滤→成品

图 4-9　酶解法制备降血压肽工艺流程

可作为降血压肽的原料很多，动物源的原料有蛇毒类、乳类、动物内脏类、鱼贝类，植物源的原料有玉米渣、大豆、米糠、米酒糟、中草药等，微生物类主要为酵母。酶水解具有很高选择性，其水解特性需用严格条件加以控制，因此，对酶的选择至关重要。目前常用酶有碱性蛋白酶、中性蛋白酶、木瓜蛋白酶、菠萝蛋白酶、胃蛋白酶、胰蛋白酶及风味蛋白酶等。pH 值一般调至 7.5 以沉降蛋白，酶解条件为：蛋白酶/酶底物＝1/500，在 37℃条件下反应 24h。最后可将蛋白水解物经 Sephadax G-25 醋酸过滤，然后经 Sephadax G-10 醋酸过滤，得到成品。

2. 发酵法

发酵法是利用微生物代谢过程产生的酶水解食品原料中的蛋白质，在发酵液中提取降血压肽的一种方法。乳酪、酸乳、豆乳、大豆等原料经过发酵含有较强活性的降血压肽，因此可直接从发酵食品中提取。可利用硫酸铵盐析作用沉淀多肽，然后进行超滤获得所需要的多肽。具体工艺流程如图 4-10 所示。

收集发酵液──→离心──→取上清液──→沉淀──→离心──→脱色──→超滤──→干燥──→成品

图 4-10 发酵法制备降血压肽工艺流程

发酵法制备降血压肽最关键环节在于菌株筛选和培养基配方。国内外许多学者针对不同种类的原料进行了菌株筛选和最佳发酵条件的摸索。在脱色工艺中可采用 DEAE-Sephacel 填料，用系列浓度的 Na^+ 洗脱液进行洗脱，收集样品。超滤时，将上述样品溶于 pH 4.5 的缓冲溶液中，用截留相对分子质量 3000 的中空纤维超滤，所得的浓缩液冷冻干燥。

3. 自溶法

自溶法是在特定条件下激活细胞自溶体系，由细胞分泌出蛋白酶而将自身蛋白质水解，以得到具生物活性的肽。此法所得产物虽理想，但原料来源狭窄、提取效率低，难以实现规模化生产。具体工艺流程如图 4-11 所示。

动物原料──→压碎──→自溶──→加热──→冷却──→超滤──→成品

图 4-11 自溶法制备降血压肽工艺流程

自溶法制备降血压肽一般选取动物内脏、鱼肉为原料。自溶条件为加水后调节 pH 至 7.6，60℃保温 3h，轻微搅拌。加热至 90℃终止反应，按照前面所述超滤方法超滤后冷冻干燥。

4. 基因工程菌法

利用基因工程手段，结合工程菌发酵制备降血压肽，对于克服酶解法制备降血压肽不足、以期实现工业化具有重要意义，有可能成为制备降血压肽的主流方法。已有报道，将基因重组菌株转入毕赤酵母高效表达蛋白，然后用胰蛋白酶进行酶解，所得酶解产物经动物实验证明具有较好降血压活性。

三、降血压肽在功能食品中的应用

防治高血压是目前困扰全球人类一个难题。目前临床上高血压的药物治疗尽管有效但是也存在弊端，如降压过度、泌尿系统发生病变、持续性咳嗽或味觉失真和血管神经性水肿等。而食源性降血压肽有着许多得天独厚的优点：来源于天然原料，无毒副作用，易被机体吸收；且研究证明，降血压肽只对高血压患者具降压作用，而对血压正常者无降压作用；作为一种活性多肽，降血压肽除降血压，还能调节人体免疫功能，甚至具减肥功能。因此，随着国民生活水平的提高，人们的自我保健意识和安全意识的增强，降血压肽类的功能食品必将成为人们预防和缓解高血压疾病的一个有效手段。

目前市场上已出现一些降血压活性肽产品，已注册的商品有 Calpis、Vasotensin、Pepited C12、Evolus、Tensiocontrol、Biozate、Lowpept 等。而我国在此项的研究才刚刚起步，仍处于实验室研发阶段。我国食品资源丰富，降血压肽原料选择范围广，特别是食品加工副产物、下脚料，可将其综合利用进行降血压肽产品开发。随着分离提纯和活性检测等技术的日趋成熟，我国自主研发的降血压肽功能食品的问世已为时不远。

第五章　功能性油脂及其加工技术

第一节　多不饱和脂肪酸

一、概述

多不饱和脂肪酸（polyunsaturated fatty acids，PUFA）是指含有两个或更多个不饱和双键结构的脂肪酸，又称多烯脂肪酸。根据第一个不饱和键位置不同，可分为 ω-3、ω-6、ω-9 等系列。多不饱和脂肪酸的结构、来源和生理功能已在第二章第三节中进行了详细描述，本节不再作赘述。

二、多不饱和脂肪酸的加工技术

多不饱和脂肪酸是食品工业中大量使用的功能性食品基料，除了从植物油中可提取亚油酸、亚麻酸等以外，还可以采用微生物发酵法提取 γ-亚麻酸和花生四烯酸等多不饱和脂肪酸。

鱼油中富含多种多不饱和脂肪酸（polyunsaturatedfatty acid，PUFA），其中二十碳五烯酸（eicosapentaenoicacid，EPA）和二十二碳六烯酸（docosahexaenoicacid，DHA）为重要的也是研究最多的鱼油 PUFA。研究证明 EPA、DHA 等 ω-3 系列 PUFA 为人体所必需的脂肪酸，具有多种药理作用和生理功能。PUFA 主要以甘油三酯的形式存在于海洋生物中，目前商品 PUFA 制剂一般是先从海鱼或其下脚料中提取鱼油，再经分离纯化制取 DHA 和 EPA，将其做成滴丸或胶丸。

（一）鱼油的制备

鱼油的制备工艺主要有以下几种方法：稀碱水解法、蒸煮法、溶剂法、酶解法和超临界流体萃取法等。

（1）稀碱水解法　是采用稀碱液将蛋白组织分解，破坏蛋白质和鱼油的结合关系，应用比较广泛。稀碱水解法又可以分为传统稀碱水解法以及经过改进的氨法和钾法。经对比研究发现，传统稀碱水解法虽然比较成熟，但提取过程中产生的废液中钠盐含量高，不能进一步利用，形成了新的废弃物。

工艺流程如下。

$$\text{鱼或鱼下脚料} \xrightarrow{\text{拌料}} \text{料浆} \xrightarrow[pH=8.5\sim9.0,\ 85\sim90℃]{\text{提取、过滤、压榨}} \text{油水混合物} \xrightarrow{\text{离心分离}} \text{鱼油}$$

取鱼下脚料，绞碎，加 1/2 量水，调 pH 至 8.5～9.0，在搅拌下加热至 85～90℃，保持 45min 后，加 5% 的粗食盐，搅拌使溶解，继续保持 15min，用双层纱布或尼龙布过滤，压榨滤渣，合并滤液与压榨液，趁热离心即得鱼油。

（2）蒸煮法 是在蒸煮加热的过程中，破坏组织细胞，使鱼油分离出来，方法比较简单，需要考虑的条件比较少。但蒸煮法提取的温度一般都在 90℃ 左右，势必会给脂肪性质带来影响。

（3）溶剂法 溶剂法就是利用将鱼油溶于有机溶剂中的原理来提取鱼油，常用的溶剂有乙醚、石油醚和氯仿等。A. Khoddami 等人用沙丁鱼下脚料与甲醇、氯仿和一定体积的水混合，然后通过匀浆过滤，得到氯仿层，最后使用旋转蒸发器蒸发得到鱼油。但是溶剂法一般效率比较低，提取不够完全，导致提取率不理想。

（4）蛋白酶解法 是利用蛋白酶的水解蛋白的作用，破坏蛋白质和脂肪的结合关系，从而释放出鱼油，主要考虑的条件有酶、水解时间、水解温度值和底物浓度。比较常用的蛋白酶有碱性蛋白酶、胃蛋白酶、木瓜蛋白酶、中性蛋白酶和胰蛋白酶等。

（5）超临界流体萃取法 超临界流体萃取法是最近几十年来发展很快的新一代化工分离技术，是利用超临界条件下的气体作萃取剂从液体或固体中萃取出某些成分并进行分离的技术。超临界萃取的优点是缩短提取时间，加热预防和更好地排除了法律上不允许使用的机溶剂。

（二）鱼油中 DHA、EPA 的制备

1. 尿素包合法

（1）原理 尿素包合法是一种较常用的多价不饱和脂肪酸分离方法，其原理是尿素分子在结晶过程中与饱和脂肪酸或单不饱和脂肪酸形成较稳定的晶体包合物析出，而多价不饱和脂肪酸由于双键较多，碳链弯曲，具有一定的空间构型，不易被尿素包合鱼油中 EPA 与 DHA 都以甘油三酯的形式等概率分布，空间位阻较大，难以直接包合，可将其转化为脂肪酸酯或脂肪酸的形式后再进行包合。再采用过滤方法除去尿素包合物，就可得到较高纯度的多价不饱和脂肪酸。

（2）工艺流程 尿素包合法是采用乙醇作有机溶剂。乙酯化鱼油、尿素、乙醇按 1：2：6 的投料比例进行。工艺流程如图 5-1 所示。

$$\text{鱼油} \xrightarrow[\text{KOH, 乙醇, N}_2]{\text{[皂化]}} \text{皂化液} \xrightarrow[\text{水, 石油醚}]{\text{[萃取]}} \text{皂化液} \xrightarrow[\text{HCl, pH 2}\sim3]{\text{[酸化分离]}} \text{脂肪酸} \xrightarrow[\text{甲醇, 尿素, 室温, 过滤}]{\text{[尿素包合 1]}}$$

$$\text{滤液} \xrightarrow[\text{甲醇, 尿素, }-20℃, \text{过滤}]{\text{[尿素包含 2]}} \text{滤液} \xrightarrow[\text{HCl, pH 2}\sim3]{\text{[尿素包合 2]}} \text{PUFA}$$

图 5-1 尿素包合法制备 DHA 和 EPA 工艺流程

① 皂化：将氢氧化钾 25kg 溶于 95％乙醇 800L，加入鱼油 100kg，在氮气流下加热回流 20～60min，使完全皂化。

② 萃取去除非皂化物：皂化液加适量的水，用 1/3 体积的石油醚萃取非皂化物，分离去石油醚层，蒸馏回收石油醚。

③ 酸化分离：下层皂化液加 2 倍体积水，用稀盐酸调 pH 至 2～3，搅拌，静置分层，收集上层油样液，以无水硫酸钠干燥得混合脂肪酸。

④ 去除饱和脂肪酸：取尿素 200kg 加甲醇 1000L，加热溶解后在搅拌下加入混合脂肪酸 100kg，加热搅拌使澄清，置室温继续搅拌 3h，静置 24h，抽滤，弃去沉淀，得滤液。

⑤ 去除低度不饱和脂肪酸：向滤液再加入尿素甲醇饱和溶液 300L（含尿素 50kg），搅拌，室温静置过夜，于−20℃再静置 24h，抽滤，弃去沉淀，得滤液。

⑥ 酸化分离：用稀盐酸将滤液调 pH 至 2～3，搅匀后静置，收集上层液，水洗，无水硫酸钠干燥得 DHA 和 EPA。

（3）工艺说明　在相同温度条件下，尿素用量较小时，饱和度高的脂肪酸优先形成包合物而沉淀；尿素用量较大时，1 个和 2 个双键的脂肪酸也形成包合物析出。在尿素与脂肪酸物质的比例相同条件下，温度降低有利于包合物的形成。随着温度下降，低度不饱和脂肪酸形成的包合物逐渐增多。

2. 低温钠盐结晶法

（1）原理　低温结晶法富集多不饱和脂肪酸是利用各脂肪酸盐在有机溶剂中的凝固点和溶解度不同，通过调节温度达到分离效果的。随着结晶温度的降低，饱和和单不饱和脂肪酸在有机溶剂中的溶解度降低，而慢慢地结晶出来，使其在所得脂肪酸中的含量降低，使 EPA 和 DHA 的总含量达到 30％左右。用此种方法分离，需有极低温的冷却设备，成本比较高。

（2）工艺流程　见图 5-2。

鱼油 $\xrightarrow[\text{乙醇，NaOH，}N_2\text{，回流}]{[\text{皂化}]}$ 皂化液 $\xrightarrow[\text{冷至室温}]{[\text{压榨过滤}]}$ 滤液 $\xrightarrow[-20℃]{[\text{压榨过滤}]}$ 滤液 $\xrightarrow[\text{水，pH 3～4}]{[\text{酸化水解}]}$ PUFA-Ⅰ $\xrightarrow[\text{乙醇，NaOH}]{[\text{溶解}]}$

PUFA 钠盐乙醇液 $\xrightarrow[-20℃]{[\text{压榨过滤}]}$ 滤液 $\xrightarrow[\text{水，}-10℃]{[\text{过滤}]}$ 滤液 $\xrightarrow[\text{水，}-20℃]{[\text{离心}]}$ PUFA 钠盐沉淀 $\xrightarrow[\text{水，pH 3～4}]{[\text{离心}]}$ PUFA-Ⅱ

图 5-2　低温钠盐结晶法制备 DHA 和 EPA 工艺流程

① 皂化：将鱼油加至 5 倍体积 4％氢氧化钠乙醇（95％）溶液中，在氮气流下回流 10～20min。皂化程度检查用硅胶 G 波谱色谱法，以甘油三酯斑点消失判定皂化完全。

② 除去饱和脂肪酸：冷却至室温，大量饱和脂肪酸析出，挤压过滤，得滤液。

③ 进一步除饱和及低度不饱和脂肪酸：滤液冷却到−20℃，压滤。滤液加等体积水，用稀盐酸调 pH＝3～4，2000g 离心 10min，得上层多不饱和脂肪酸

PUFA- I 。

④ 进一步除低度不饱和脂肪酸。将 PUFA- I 溶于 4 倍体积氢氧化钠乙醇溶液中，−20℃放置过夜，压滤。滤液加少量水，−10℃冷冻，抽滤除去胆固醇结晶。滤液再加少量水，−20℃冷冻，2000g 离心 5min，去上层液，得下层 PUFA 钠盐胶状物。

⑤ 将 PUFA 钠盐胶状物，用盐酸调 pH＝2～3，2000g 离心 10min，得上层液即为 PUFA- II 。

3. 分子蒸馏法

（1）原理　分子蒸馏法是目前工业化生产高纯度 EPA 和 DHA 最常用的方法之一。其原理就是根据不同物质或同一物质中不同组分的沸点不同，而在不同温度上，即不同沸点或沸程下由低到高截取各阶段的不同馏分，从而达到高精度的分离提纯目的。其次，由于边油中的色素分子要相对较大，在蒸馏时随温度的升高、物料的减少而逐渐沉积凝聚在容器底部或壁上，从而使被蒸溶出来的物质颜色较浅，达到脱色目的。

（2）工艺流程　美国专利报道了用酯交换反应制得脂肪酸乙酯，再用尿素包合法和分子蒸馏法等进行纯化，制得的 DHA 含量达 96％的产品。工艺路线如图 5-3 所示。

鱼油 $\xrightarrow[\text{乙醇，硫酸}]{\text{[酯交换]}}$ 脂肪酸乙酯 $\xrightarrow[10^{-3}\text{mmHg，80～90℃}]{\text{[分子蒸馏]}}$ 残留物 1 $\xrightarrow[\text{乙醇，尿素}]{\text{[尿素包合]}}$ 残留物 2 $\xrightarrow[10^{-3}\text{mmHg，70～90℃}]{\text{[分子蒸馏]}}$

残留物 3 $\xrightarrow[10^{-3}\text{mmHg，75～95℃}]{\text{[分子蒸馏]}}$ 残留物 4 $\xrightarrow[10^{-3}\text{mmHg，75～95℃}]{\text{[分子蒸馏]}}$ 残留物-5

图 5-3　分子蒸馏法制备 DHA 和 EPA 工艺流程

分子蒸馏后的未蒸馏残留物 1 和 3 中，EPA 乙酯和 DHA 乙酯的总含量依次为 70％～80％、80％～90％。再进一步提高温度后，EPA 乙酯被蒸发出来与 DHA 乙酯分离，剩下的残留物 4 中 DHA 乙酯的含量达到 90％，EPA 乙酯转移至蒸馏冷凝物中。相同条件下再蒸馏一次，残留物 5 中 DHA 乙酯的含量提高到 96％。

4. 酯交换反应

鱼油 80kg 和乙醇 50kg 加入密闭的反应罐中，加入硫酸 2.5kg 作为催化剂，氮气保护下，82℃加热回流约 6h。用薄层色谱确定酯交换反应终点。反应完毕，冷至室温，加水 200kg 和环己烷 150kg，搅拌，静置，弃去水相。水洗环己烷层数次至中性，用无水硫酸钠脱水，最后真空蒸发脱去环己烷，制得鱼油 PUFA 乙酯。该方法鱼油可与乙醇直接进行酯交换反应，省去了皂化反应步骤。

5. 超临界萃取法

所谓超临界萃取就是用高温、高压下的 CO_2 流体从原料中溶解要想分离的成品，通过改变温度和压力，分离出目的物质。超临界 CO_2 萃取法是经典萃取工艺的延伸和扩展。

超临界 CO_2 萃取法能较好地按碳原子数为序分离鱼脂酸酯，却难以分离碳原子数相同、双键数不同的鱼脂酸酯。若将超临界 CO_2 萃取法和其他的方法相结合，有希望提高 EPA 和 DHA 的纯度。例如超临界 CO_2 萃取法和尿素包合法相结合，超临界 CO_2 萃取法和精馏相结合等，EPA、DHA 的含量可分别达到 90％以上。

6. 其他分离纯化方法

（1）柱色谱法　采用 $AgNO_3$ 的硅胶柱色谱，所得 EPA 及 DHA 的含量在 90％以上，且可获得一定量的产品，比较经济实用。但也存在缺点，如：洗脱剂安全性差、Ag^+ 易污染制品、$AgNO_3$ 的硅胶柱不能够再生以及不适宜大规模操作等。

（2）薄层色谱法　采用 4％ $AgNO_3$ 硅胶板，能得到 77％的 EPA 和 84％的 DHA，但不能得到大量的产品，且重现性不好。

（3）气相色谱法　日本目前已有专门用于脂肪酸气相色谱分离的大型玻璃柱，将高不饱和脂肪酸的甲酯作为试样，能够在较短的时间内收集到高纯度的 EPA 和 DHA。

（4）高效液相色谱法　通过逆相分配法进行分离。原理是根据 EPA 及 DHA 以及其他脂肪酸在流动相和固定相中的分配系数不同。所用的担体有 PAK-500/C18 柱、Permaphace ODS 担体等。洗脱液有乙醇、四氢呋喃等。目前日本已可以用大型的制备柱来进行生产制备高纯 EPA 和 DHA。

目前从鱼油中分离制备 DHA 和 EPA 的方法有十余种，但工业上大规模制备，主要采用低温法与尿素包合法。主要是由于其他方法受到产品纯度、生产成本、产品安全性等因素的限制。

第二节　磷　　脂

一、概述

磷脂是含有磷酸的类脂化合物，在动植物体内主要有脑磷脂、卵磷脂、肌醇磷脂、丝氨酸磷脂、神经鞘磷脂等，其中最为常见的是脑磷脂和卵磷脂，已被广泛地应用于功能食品的开发。有关磷脂的概念、分类、结构和生理功能已在第二章第三节进行了详细介绍，本节不再叙述。

二、磷脂的加工技术

大豆中磷脂的含量为 1.5％～3％，是制备磷脂的主要原料。市场上销售的产品主要有浓缩大豆磷脂、粉末大豆磷脂、改性磷脂等，下面将以浓缩大豆磷脂为例对大豆磷脂的生产工艺及其特点加以阐述。

（一）原理

浓缩大豆磷脂是将大豆油中的油脚脱胶，并经干燥脱水后得到的产品。它是利用磷脂分子中所含有的亲水基，将一定量的热水或稀的酸、碱、盐及其他电解质水溶液加到油脂中，使胶体杂质吸水膨胀并凝聚，经离心分离后，使其从油中沉降析出与油脂分离，再经干燥浓缩而得到大豆浓缩磷脂。工业上制备浓缩大豆磷脂的方式有连续式生产和间歇式生产两种。

（二）工艺流程

在大豆浓缩磷脂的制备工艺上，连续式和间歇式生产都是按照如下工艺流程操作（图5-4）。

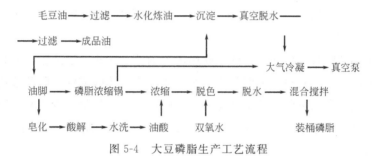

图5-4 大豆磷脂生产工艺流程

（1）连续式生产工艺 如图5-5所示。

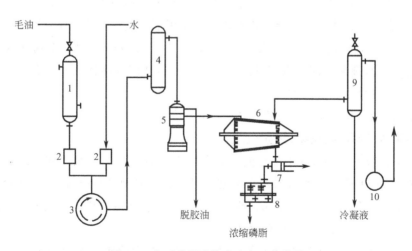

图5-5 大豆磷脂连续式生产工艺流程

1—预热器；2—流量计；3—混合器；4—混合器；5—离心机；6—薄膜蒸发器；7—卸料泵；
8—磷脂冷凝器；9—冷凝器；10—真空泵

① 预热过滤：经预热器将大豆毛油加热至80℃，经过滤器过滤，使杂质含量小于0.2%。

② 水化脱胶：水化脱胶是指大豆毛油经过滤后，经计量器引入与毛油等温的80℃热水于管线中，通过在管路内的搅拌器充分搅拌混合，使大豆磷脂粒从油中析出沉淀，经分离底部沉淀物后即得粗大豆磷脂。加水量控制在毛油量的2%。为提高脱胶效果，常再添加油量的0.05%～0.2%的浓度为85%的磷酸。

③ 离心分离：用管式离心机分离水化后产生的胶油和油脚。胶油经加热、真空干燥脱水后可得脱胶油。油脚则应脱水至10%以下。

④ 漂白及流质处理：油脚脱水后的磷脂为棕红色，色泽较深，在使用上受到一些限制，可添加氧化剂进行漂白处理。生产上一般按磷脂总量的0.5%～1.5%添加浓度为30%的H_2O_2，在搅拌条件下，于50～60℃下反应15～30min，如需二次漂白，则通常是加过氧化苯甲酰或与H_2O_2混合使用，添加量一般为磷脂总量的0.3%～0.5%。

为了使用磷脂时方便和增加浓缩磷脂的流动性，防止浓缩磷脂与油脂分层，保证磷脂质量稳定，在真空浓缩时加入一定量的混合脂肪酸或混合脂肪酸乙酯为流化剂，使产品能在常温下保持流动状态。混合脂肪酸的添加量多少会影响磷脂的流质化效果和味道，一般添加量为浓缩磷脂的2.5%～5%，成本较高，但对磷脂的酸价及味道无影响。

⑤ 真空薄膜干燥及冷却：由于磷脂具有热敏性，故采用真空浓缩的方法。把经漂白及流质处理的油脚，经油泵引入搅拌薄膜干燥器中，磷脂通过转子旋转被搅成薄膜，在重力、离心力和新进物料压力的作用下，呈膜状沿干燥器器壁向末端流动，在96kPa真空度和100～110℃条件下保持干燥2min，即可得到含水量小于1%的浓缩大豆磷脂。因急剧蒸发产生的水蒸气和易挥发性物质则用真空泵泵入冷凝器中分离冷凝水和冷凝物。

(2) 间隙式生产工艺　如图5-6所示。

① 预热过滤：同连续式生产工艺。

② 水化脱胶：将大豆毛油用间接蒸汽加热到70～80℃。泵入水化罐中，在转速为80r/min下搅拌，均匀加入80℃热水使之浓度达到10%～15%，待大片絮状物生成后，降低转速搅拌20min，静置6～8h，使水化磷脂基本上沉入罐底部，即可从水化罐底部收集到含磷脂的油脚。

水化脱胶时，应用的水化水必须是软化水。否则油脚中的磷脂成分被水中的钙、镁离子絮凝变得失去活性。

③ 真空薄膜干燥及冷却：先将带有球形加热搅拌器的球罐夹层和加热管内的

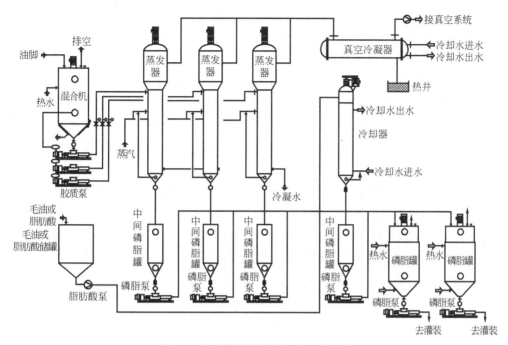

图 5-6 大豆磷脂间隙式生产工艺流程

温度升高到 70～75℃，使罐内压力达到 83.3kPa 时，泵入油脚，同时可开动搅拌器，油脚的进料量控制在罐容量的 1/4～1/3 为宜。进料完毕后，关闭进料阀，开始真空浓缩干燥。浓缩时提高并保持球罐夹层和加热管内温度至 80～90℃，真空度为 90.6kPa，连续浓缩 8h 以上，直至达到水分含量在 1％以下，经罐视孔观察时，可见磷脂已成流体，搅动时略有丝光，黏度明显降低。此时可停止加热，立即通入冷水至罐夹套层和搅拌器管内，冷却至 50℃以下，即可排出浓缩的大豆磷脂。

由于此种浓缩大豆磷脂含中性油和磷脂酸等杂质，是红棕色黏稠液，乳化能力较差。为获得色泽较浅的磷脂产品，在浓缩时可按罐内油脚量，加入 1％～4％的浓度为 30％的双氧水进行漂白。

三、磷脂在功能食品中的应用

（1）在焙烤食品中的应用 磷脂是面包、蛋糕、甜点心、饼干及脆饼等焙烤食品中必不可少的乳化剂，可促进面团中起酥油均匀分布，有利于发酵与水分吸收，改善面团加工过程，增加产品的营养性能，使产品质地更加柔顺细腻。磷脂通常加入起酥油中使用。

（2）在乳制品中的应用 磷脂可用于乳粉、麦乳精、营养补充饮品及可可配制品等速溶性产品中，能改善产品的分散性与润湿性。几乎所有的幼儿食品配方中都使用了亲水性脱油磷脂作为脂肪乳化剂。大豆磷脂添加到乳粉中，除起到乳化作用外，还兼有增强溶解度和速溶性的作用。

（3）在糖果中的应用　磷脂在糖果生产中的应用主要是因为它具有三大特性：乳化性、防黏结/释放性和黏度调节性，这些性质对产品性能产生重要影响。在巧克力生产过程中，磷脂的黏度调节作用不仅可节省可可脂的用量，还会影响产品的质构。含磷脂的巧克力不易产生脂糖霜或"灰变"，因此，磷脂为巧克力生产的理想添加剂。

（4）在饮料中的应用　在固体饮料中添加适量的磷脂，可起到乳化剂和润湿剂的作用。在豆乳或豆浆的生产中，可作为消泡剂使用。

（5）直接制成功能食品　由于磷脂对心血管系统、神经系统和免疫系统等都有着重要的生理功能，因此将卵磷脂或脑磷脂直接制成口服液、片剂或胶囊的功能食品已经得到广泛应用。

第六章　其他功能食品加工技术

第一节　活性微量元素功能食品加工技术

人体中的微量元素，是指占人体总重量的 0.01% 以下的元素，如铁、锌、铜、锰、铬、硒、钼、钴、氟等。据研究表明，到目前为止，已被确认与人体健康和生命有关的必需微量元素有 18 种，如铁、铜、锌、钴、锰、铬、硒、碘等。尽管它们在人体内含量极小，但每种微量元素都有其特殊的生理功能，对维持人体中的一些决定性的新陈代谢是十分必要的。一旦缺少了这些必需的微量元素，人体就会出现疾病，甚至危及生命。本章以硒、锗、铬为例具体介绍富含这些微量元素的功能食品的生产工艺和应用。

一、富硒制品的加工和应用

硒元素具有清除自由基、提高免疫力和预防肿瘤等多项生理功能，在基础研究不断取得成果的基础上，20 世纪 90 年代后，国内外相继对硒的产品进行了一系列的开发，从添加无机硒到提取天然有机硒；从自然转化到人工转化再到人工合成有机硒产品；从含硒农作物到高科技纳米硒，在各种层次各种领域开发了一系列富硒产品。

1. 富硒酵母

（1）选育合适的啤酒酵母菌种，以麦芽汁为培养基在酵母生长的特定环境下培养，在几个不同的阶段加入无机硒，找出酵母与硒的最佳结合条件，既利于提高结合硒量，又利于酵母的生长。具体工艺流程如图 6-1 所示。

图 6-1　以麦芽汁为基料发酵制备富硒酵母的工艺流程

（2）以糖蜜加适硒化合物为培养基，杀菌后接入酵母菌种，流加氮、磷等营养盐进行发酵培养，在温度30℃、pH 4.5～5.0的条件下通风培养24～48h，使无机硒合成有机硒，通过离心法分离出酵母，用水反复冲洗后经浓缩和喷雾干燥得到富硒酵母粉，硒含量可达 $1000×10^{-6}$ 以上，通常为 $500×10^{-6}$ 左右。具体工艺流程如图6-2所示。

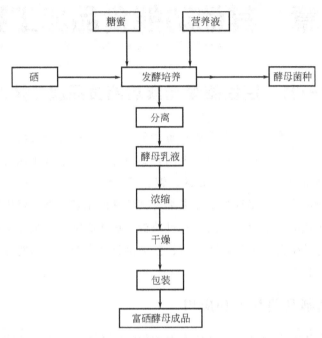

图6-2 以糖蜜和硒化合物为基料制备富硒酵母的工艺流程

2. 富硒豆芽

将含有无机硒的水浸泡黄豆或绿豆，在适宜的温度和湿度下，在发芽过程中，将硒吸收并转化成有机硒。发芽时间、发芽温度和培养液浓度是影响豆芽富硒效果的最重要的三个工艺条件，可通过试验设计进行优化。以富硒黄豆芽为例，具体的工艺流程如图6-3所示。

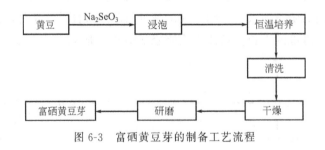

图6-3 富硒黄豆芽的制备工艺流程

3. 富硒茶叶

富硒茶叶的加工属于植物天然合成转化法，主要有两种操作方法：一是在种植茶叶的土壤中增施一定的生物有机肥，将无机硒元素导入茶叶体内，通过茶叶自身的运动将无机硒转化为有机硒。另一种是可以通过叶面喷施亚硒酸钠溶液，喷施硒后12天采摘茶叶来制备富硒茶。

生产富硒茶叶的注意事项：首先要选用良种，生产富硒茶叶要坚持"优质茶良种＋富硒"的基本原则，选用与本地气候、栽培条件相适应的良种。其次，喷施无机硒溶液时，宜与喷雾助剂混用，以提高喷雾效果。最后要选择好喷施时间和注意喷施质量。

4. 富硒基料在功能食品中的应用

（1）富硒早餐食品

① 颗粒性富硒早餐食品：可将富硒麦芽粉与一定比例的面粉混合，经发酵、烘烤、切碎和筛分等工艺，制成粒径大小符合要求的颗粒状早餐。

② 膨化性富硒早餐食品：一种方法是先通过烤炉膨化工艺膨化原料后，在出炉后的冷却过程中在原料表面喷雾有机硒溶液，再稍经干燥即可。另一种方法是在原料中混入一定数量的富硒麦芽粉，再经过喷枪膨化或挤压蒸煮膨化工艺完成制作。

③ 压片型富硒早餐食品：可通过涂抹添加了硒的糖衣来强化硒含量，也可用富硒原料进行涂层来补充硒。

（2）富硒功能性饼干　通过添加富硒麦芽粉提供硒源，并以乳糖醇作为主要甜味剂，结合使用多功能纤维粉，可制得功能性饼干，可供老年人、糖尿病患者、心血管病患者及肿瘤患者食用。

（3）富硒多糖饮料　可将富硒的绿豆芽汁与香菇浸出液混合调配，制成功能性饮料，该产品富含 $1.2\sim1.5mg/kg$ 的天然有机硒，含有 $10mg/100g$ 的香菇多糖，并强化了水溶性膳食纤维。

（4）富硒滋补品　可将有机硒化物（如富硒酵母）为柱体，辅以适量的维生素 E、维生素 B_2、β-胡萝卜素等维生素制成富硒的片剂或胶囊。

二、富锗制品的加工和应用

锗元素是德国化学家 Winkler 于 1886 年 2 月最先从矿石中分离出并命名的。它与硒不一样，硒是人体必需的微量元素，它的缺乏或不足会引起一系列严重的生理病变。但迄今为止，尚无有力证据证明锗也是人体的必需微量元素，也未发现生物体因缺锗而出现的病理变化，所以通常情况下没有补锗的必要。目前发现锗的生物学效应与其存在形式关系密切，无机锗似乎无显示有效的生理活性，只有部分有机锗化合物才表现出显著而又肯定的生理活性。

1968 年 3 月，日本学者浅井一彦首次合成了水溶性有机化合物 β-羧乙基锗倍半氧化物（又名 Ge-132），具有广谱的生理活性。20 世纪 70 年代后，许多学者又进行了一系列有机锗药物的研究。近些年来，大量的动物实验和临床研究表明，有机锗对人体具有广泛的预防和治疗疾病的作用，有机锗在医药、功能食品方面的开发应用也受到了广泛的重视。

1. 富锗酵母

与硒一样，通过酵母的生物富集作用可增加天然酵母中的锗含量。具体的工艺流程如图 6-4 所示。

图 6-4　富锗酵母的制备工艺流程

所用菌种以葡萄酒酵母和啤酒酵母为好，培养基是由 $10°Bé$ 麦芽汁与 0.5% 酵母浸膏组成，在此培养基中添加终浓度为 $100mg/L$ 的 GeO_2 或 Ge-132。试管静置 $30℃$ 培养 16h 后，再继续振荡培养 16h。发酵罐培养时间约 20h，通气量为 1.5vvm 左右。通过离心法分离菌体，干燥后可得淡黄色富锗酵母粉。

2. 富锗豆芽

富锗豆芽的工艺流程与富硒豆芽的制作流程相似。可选用绿豆或黄豆为原料，将其放在 3 倍重量、含量为 $200\sim600mg/L$ 的 Ge-132 溶液中浸泡 24h（$28℃$ 左右）。然后转入发芽室中保持 $30℃$，并伴有弱光照射以促进发芽。每隔 $3\sim4h$ 喷淋一次含锗水溶液或纯净水，经 $5\sim7$ 天可长出 $8\sim15cm$ 的豆芽。发芽前 $3\sim4$ 天保持弱光照射豆瓣呈紫色，之后改为较强光照射豆瓣变成淡绿色或黄绿色，烹调后口感类似于普通豆芽但清香味有所增加。

按该法制得的豆芽经压榨取汁后可调配成富锗功能性饮料，还可直接加工成富锗豆浆或豆浆晶等；干燥后的富锗豆芽粉碎后还可作为一种功能性基料应用于面包、饼干等固体食品的生产。

3. 富锗鸡蛋

将 GeO_2 或 Ge-132 等配成水溶液添加到蛋鸡饲料中，饲料中的锗含量保持在 $800mg/L$，鸡吸收饲料中的锗，经代谢后能富集部分锗于鸡蛋中，产下富锗鸡蛋。研究表明，蛋鸡摄入富锗饲料 $7\sim15$ 天内，产蛋中锗含量为 $15\sim300mg/L$。这种富锗鸡蛋的食用特性、保存性能与普通鸡蛋相似。若将锗添入鹌鹑饲料中，同法可得富锗鹌鹑蛋。

4. 富锗基料在功能食品中的应用

将上述经生物转化的富锗功能性食品基料为锗源可调配制成许多富锗功能性食

品，下面举几例说明。

（1）花粉蜂蜜有机锗口服液　花粉含有各种活性物质，对心血管系统、神经系统有良好的影响，对衰老及肿瘤等也有良好的预防作用。结合花粉与蜂蜜的活性成分，再加上富集于蜂蜜中的天然有机锗的生物活性，使得本产品的生理功能极其显著，对老年人、体弱多病者和肿瘤患者非常适合。具体的制作工艺流程见图 6-5。

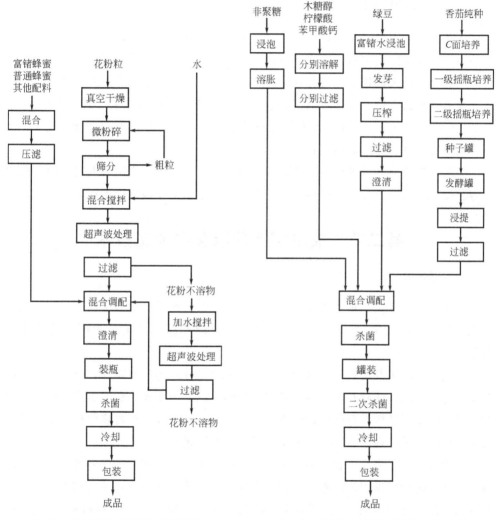

图 6-5　花粉蜂蜜有机锗口服液的
　　　　制作工艺流程

图 6-6　富锗多糖饮料的制作工艺流程

（2）富锗多糖饮料　以富锗绿豆芽压榨的汁液为天然有机锗源，与经深层发酵培养的香菇菌丝体浸出液配合，即可调制出富锗多糖饮料。具体工艺流程见图 6-6。

现提供一个参考配方（％）：富锗绿豆芽汁（锗含量 30mg/L）4～5，香菇多糖浸出液（多糖含量 50mg/100g）20，木糖醇 9，柠檬酸 0.2，葡聚糖（polydextrose）0.4，苯甲酸钠 0.02 和香精 0.02。从成分可以看出，本产品是一个集多种生理活性成分的功能饮料，适合于老年人、肥胖症患者、糖尿病患者和肿瘤患者食用。

三、富铬制品的加工和应用

人体对铬的需求量很小，但当今人体内的缺铬现象仍普遍存在，一方面原因是食品加工过程中流失大量的铬而导致摄入量减少，另一方面精制加工食品还会促进机体内储存铬的大量排泄，使得缺铬进一步恶化，特别是糖尿病患者和中老年人更需要额外补充铬。铬有 9 种可能的化合价，有生理意义的仅 3 种，即＋2 价、＋3 价和＋6 价，其中＋3 价铬是人体必需的微量元素，具有许多生理功能，而＋6 价铬对人体有剧毒，可致肿瘤或致死。

关于富铬食品基料的制备工艺及其在功能食品开发中的应用实例与富硒食品的内容相似，可按照上述方法进行研究与生产，限于篇幅原因这里不再举例说明。

第二节　益生菌类功能食品加工技术

一、概述

目前国际上普遍认可益生菌的定义是：通过改善肠道内菌群平衡，对宿主起到有益作用的活性微生物。以益生菌为原料制成的产品也就是通常所说的微生态制剂。

作为微生态制剂的益生菌必须符合以下几个条件：耐酸耐胆汁，能够以存活的状态到达肠道内；能够在肠道内定植并且能够在肠道内增殖；已经被科学证实能够改善肠道内菌群结构并且能够起到有益作用；已经证实是安全可靠的或原本就是肠道菌群中的一种；存活在食品中能够保持有效的数量。

国内外的研究表明，益生菌具有缓解乳糖不耐症；预防和治疗各种原因引起的腹泻（包括轮状病毒引起的腹泻、旅行者腹泻、与抗生素治疗有关的腹泻、艰难梭状芽孢杆菌引起的腹泻等）；预防和治疗婴幼儿的食物过敏；改善肠易激综合征；缓解便秘；调节机体免疫功能；调节肠道菌群；降低潜在的致病性肠道微生物；维持正常血液中胆固醇的浓度；辅助治疗幽门螺杆菌感染；减低血液总胆固醇等作用。此外，有文献报道，益生菌可用于预防泌尿道感染、减少龋齿的发生、改善食物过敏、减低湿疹的发生等。尽管益生菌上述作用已有相应产品，但到目前为止，美国、欧盟等国未批准上述相关功能的声称。

在我国，规定益生菌应按相关法规使用，国家食品药品监督管理总局颁布的《益生菌类保健食品的申报与审评规定（试行）》（以下简称《规定》）明确规定了益生菌类保健食品的定义、需提供的资料、可用的菌种等，申报益生菌类保健食品应进行必要的动物或人体试食试验，目前已批准的产品主要为增强免疫力、调节肠道菌群和通便功能，批准了少量的促进消化功能产品。常用的益生菌包括乳杆菌属和双歧杆菌属中的菌株，以及较少用的酿酒酵母、芽孢杆菌属的菌种等。以下是《规定》中列出的可用于保健食品的益生菌菌种名单：两歧双歧杆菌（*Bifidobacterium bifidum*）、婴儿双歧杆菌（*Bifidobacterium infantis*）、长双歧杆菌（*Bifidobacterium longum*）、短双歧杆菌（*Bifidobacterium breve*）、青春双歧杆菌（*Bifidoba-cterium adolescentis*）、德氏乳杆菌保加利亚种（*Lactobacillus delbrueckii* subsp. *Bulgaricus*）、嗜酸乳杆菌（*Lactobacillus acidophilus*）、干酪乳杆菌干酪亚种（*Lactobacillus casei* subsp. *Casei*）、嗜热链球菌（*Streptococcus thermophilus*）、罗伊氏乳杆菌（*Lactobacillus reuteri*）。

二、双歧杆菌

双歧杆菌（*Bifidobacterium*）是法国巴斯德研究院的 Tissier 在 1899 年首先在母乳喂养的健康婴儿粪便中发现并分离出来的专性厌氧菌。根据双歧杆菌独有的形态，命名为双歧芽孢杆菌，并于 1924 年设置了双歧杆菌属。双歧杆菌属于革兰阳性杆菌，对氧十分敏感，对低 pH 耐性差，极易失活，最适 pH 为 6.5～7.0，最适生长温度 37～42℃。到目前为止，已鉴别和发表的双歧杆菌共有 34 种，其中来源于人的 13 种，来源于其他恒温动物的 15 种，来源于蜜蜂的 3 种，来源于废水的 2 种，从乳制品中分离的 1 种。目前，双歧杆菌已经成为人体健康的重要指标之一，有关双歧杆菌的微生态制剂的研究已成为一大热点，并广泛应用于功能食品和医疗等领域。

双歧杆菌的生理功能如下。

（1）调节肠道菌群的功能 双歧杆菌可防治便秘和胃肠障碍等，维护肠道正常菌群的平衡，抑制病原微生物的生长。其作用机理主要有以下几种：①双歧杆菌作为肠道细菌的优势菌，它与其他正常菌群一起可构成阻止病原菌入侵的定植阻力；②双歧杆菌通过产生细胞外糖苷酶，降解致病菌和内毒素结合受体的复杂多糖，从而阻止致病菌对肠黏膜细胞的侵袭；③双歧杆菌在代谢过程中产生多种有机酸具有抑菌作用，如醋酸、乳酸和甲酸等，其中醋酸的抑菌作用最强；④双歧杆菌在肠道中繁殖产生自身的代谢产物，其中 Bifidin 和 Bifilon 以及其他代谢产物对很多致病菌有很强的抑制性；⑤双歧杆菌可增加肠蠕动，加快致病菌排出，进而维持肠道微生态平衡。

(2) 提高免疫力、抗肿瘤、抗衰老功能　双歧杆菌细胞壁上的肽聚糖刺激肠道的免疫细胞，激发机体产生抗体，提高巨噬细胞活性，增强机体抗病力。双歧杆菌可通过抑制腐生菌的生长和分解致癌物质而起到预防肠道癌症的作用。而双歧杆菌抗肿瘤研究的一个热点是其对结肠癌的防治研究；对其他肿瘤的防治亦有越来越多的研究，如在胃癌、肺癌等方面也已逐渐向分子水平深入。研究证明双歧杆菌能明显增加血液中超氧化物歧化酶（SOD）的含量及其生物活性，有效促进机体内超氧化自由基发生歧化封闭和降解，加速体内自由基的清除，将体内有害物质毒性降低，抑制血浆脂质过氧化反应，延缓机体衰老。

(3) 降低胆固醇的功能　双歧杆菌具有降低胆固醇的作用，机制主要有以下几方面。①同化作用：在酸性环境和胆盐存在的条件下，双歧杆菌可与胆固醇发生同化作用，而被吸收的胆固醇并没有被降解，而是作为内含物储存起来，这些内含物也可用作代谢前体物质。②共沉淀作用：酸性条件下，游离胆盐和胆固醇发生共沉淀作用。虽然典型的肠道生理环境是中性甚至微碱性的，但是在肠道微生物作用下，膳食纤维发酵产生短链脂肪酸使肠道微环境为酸性，确保共沉淀作用发生。③吸附与结合作用：胆固醇被双歧杆菌细胞表面吸附或者与细胞表面结合。④降低人体吸收的胆固醇量：主要通过抑制肠道中胆酸重新吸收，干扰肝肠循环，从而降低血清胆固醇浓度。

(4) 其他生理功能　双歧杆菌除了上述热点研究的生理功能外，还有其他许多对人体有益的生理功能，这些方面的研究也日益引起学者的重视。双歧杆菌可合成B族维生素，促进氨基酸代谢，改善脂代谢与维生素代谢，从而促进蛋白吸收；双歧杆菌在人体肠道发酵产生的有机酸能促进某些微量元素如钙、铁、镁、锌等的吸收；双歧杆菌产生的 β-半乳糖苷酶能降解特殊糖类 α-D-半乳糖苷寡糖，这种多糖不能被机体利用，但可被双歧杆菌所消化，改善乳糖不耐症；双歧杆菌可抑制腐败菌的生长，从而抑制某些毒性物质的产生，减轻肝脏负担，达到保护肝脏的功能。

三、乳酸菌

乳酸菌是一群形态代谢性能和生理特征不完全相同的革兰阳性菌的总称。其总的特征是：不形成芽孢（个别属除外）、生殖方式为裂殖、不进行呼吸的球菌或杆菌，在发酵碳水化合物时主要的代谢产物为乳酸。乳酸菌发酵食品，能有效提高食品的营养价值和品质，赋予食品柔和的酸味和香气，改善食品风味；其具有降低胆固醇、调节血脂和血压等益生保健功能。

乳酸菌的分类按照不同的标准分为不同的形式，比如按照形态可以分为球状和杆状；按照生化分类可以分为乳杆菌属、链球菌属、明串珠菌属、双歧杆菌属和汁球菌属，每个属又有很多菌种，某些菌种还包括数个亚种。

随着食品生物技术的发展，乳酸菌在食品工业中的应用潜力和经济价值逐渐受到食品科研人员的重视。与此同时，人们也越来越重视乳酸菌及其制品在医药功能食品及饲料工业中的研究与应用。

乳酸菌的生理功能如下。

(1) 抑制病原菌生长，维持肠道平衡　乳酸菌通过自身糖链有序定植于肠黏膜上皮细胞形成生物屏障，与病原菌竞争吸附位点，能有效抑制病原菌在肠道内的定植。乳酸菌进入肠道繁殖，抑制金黄色葡萄球菌等有害菌的繁殖，起到整肠作用，改善腹痛、食欲不振、消化不良等消化道异常。所产生的乳酸能抑制肠内腐败菌的繁殖和有害物质的产生。

(2) 营养功能　乳酸菌在肠道内生长繁殖过程中，通过发酵产生有机酸、氨基酸等营养物质，可促进宿主的消化和营养吸收，其中有机酸能使钙、铁、磷等元素处于离子状态，提高其吸收利用率。乳酸菌还参与多种维生素代谢，产生机体所需的维生素、叶酸、烟酸、生物素等营养成分。此外，乳酸菌合成参与机体物质代谢的各种消化酶类，如蛋白酶、淀粉酶、脂肪酶等，提高了宿主总酶活性，有效促进了营养物质的消化吸收。

(3) 降低胆固醇水平，预防心血管疾病　研究表明，乳酸菌分泌的胆酸水解酶将肠内的胆盐水解后，能与食品中的胆固醇发生共沉淀作用而随粪便排出，从而减少肠道对胆固醇的吸收。乳酸菌还可以通过直接吸收胆固醇以及对胆固醇合成限速酶的抑制来降低机体内胆固醇的含量。

(4) 提高机体免疫力功能　乳酸菌的免疫功能主要分为免疫刺激和免疫调节。免疫刺激是指通过激发机体免疫反应，有效提高机体免疫蛋白浓度和巨噬细胞活性，增强机体免疫力和抗病力。免疫调节是通过激活巨噬细胞、提高抗炎症细胞因子水平、增强细胞杀伤力及免疫球蛋白活性起作用，主要表现在抗过敏与抗炎症方面。

(5) 其他生理功能　随着对乳酸菌生理功能的不断挖掘，最新的研究结果显示它还具有一些其他生理功能，如抗肿瘤预防癌症、改善肝功能、预防阴道和泌尿生殖道感染等。

四、益生菌类功能食品简介

目前国内外研究开发的益生菌类功能食品主要有以下三种。

1. 益生活菌制剂

该类制剂通称 probiotics，主要是以双歧杆菌和各种乳杆菌为主，也有其他细菌。商品名称很多，如以双歧杆菌为有效菌的贝菲得、回春生、双歧王、金双歧、丽珠肠乐；以乳杆菌或乳杆菌与双歧杆菌为有效菌种的有昂立1号、三株、培菲康等；也有以需氧菌为主的活菌制剂，利用其耗氧特点，在肠道内形成厌氧环境，从而有利于占肠道菌群绝大部分的厌氧菌与兼性厌氧菌的生长，而保持肠道菌群的正常构成。这一类制剂有以蜡样芽孢杆菌、地衣芽孢杆菌等为活性菌的促菌生、整肠生等制剂。对这类活菌制剂的主要要求是安全、有效及保持一定的生菌存活率。这类制剂用于保健食品应该符合的条件是：有效菌的存活率高（例如活菌达 $10^8 \sim 10^6/\text{ml，g}$）；制剂的商品流转与货架保存中活菌含量稳定性好；动物或人体实验证明，有效菌能在肠道定植和增殖；无病原性及有害产物；对人体（宿主）肠道菌群调整作用明显，增加肠道有益菌比例，减少、至少不增加有害菌及不利菌的比例。国外这类活菌制剂的开发，主要也是用双歧杆菌、乳杆菌，也有肠球菌。美国除保健用品外，还将其作为生物治疗剂（biotherapeutic agents），用以治疗腹泻，以及预防和治疗由应用抗生素引起的伴联性腹泻与肠道菌群失调。

2. 益生菌增殖促进剂

该类物质称为 prebiotics，有人译为有益菌促生物，针对双歧杆菌的有人称为双歧因子（bifidus factor）等。在汉语中似乎尚无公认的统一名称。这一类物质是近年来国际学术界和产业界研究与开发的热点，即通过这类物质使机体自身的生理性固有的菌增殖，形成以有益菌占优势的肠道生态环境。这种物质的研究起源于Gyorgy 发现母乳中含有双歧杆菌增殖因子，后来又观察到母乳喂养儿与非母乳喂养儿肠内双歧杆菌的数量有明显差异，且后者的抵抗力不如前者。

近年来，日本、欧美各国对促进有益菌增殖物质的研究与开发集中于一些低聚糖类。低聚糖（oligosaccharide）是指 $2 \sim 10$ 个单糖以糖苷键连接起来的糖类总称。传统的蔗糖、饴糖、乳糖均属于低聚糖，但它们没有这种功能。有这种功能的低聚糖能被双歧杆菌、乳杆菌等有益菌选择性利用，但在人消化道内因没有此类糖的水解酶故不能消化吸收，因而又称之为"不能利用的碳水化合物"（unavailable saccharides）或"双歧杆菌增殖因子"（bifidus factor）。同时证明了人乳酪蛋白对双歧杆菌、乳杆菌的促进增殖作用归因于低聚糖组分，且低聚糖能产生对人乳酪蛋白的 β-消除反应。有一些报告认为口服低聚糖后，回肠中低聚糖的回收率达（89.4 ± 8.3）%，能值为 $(9.5 \pm 0.6)\text{kJ/g}[(2.27 \pm 0.14)\text{kcal/g}]$，说明低聚糖的不消化不吸收和低热能性质。国内外研究利用的低聚糖有很多种，只就我们作为保健食品活性物质检测过的就有大豆低聚糖（水苏糖与棉籽糖）、异构化乳糖、低聚异麦芽糖等。这些产品纯度都不高，一般在 $40\% \sim 50\%$（其余为其他糖类）上下。文献报告它们对不同人体可使双歧杆菌增殖 $10 \sim 1000$ 倍，同时肠道中大肠菌、梭菌、肠球菌等则相应减少，肠道总菌数无大改变。选用这类物质至少要符合如下几项基本要求：在上消化道基本不消化、不吸收；能促进有益菌的增殖；能有效改善肠道菌群构成；有改善宿主肠道功能的作用。

3. 益生菌及其增殖因子的复合制剂

此类制剂国外称为 Synbiotics，汉语暂无统一公认的名称，有的将其称之为合生元。鉴于双歧杆菌与乳杆菌在制剂形式、保存与人服用后均有许多不稳定因素，所以人们主张将这类有益菌与增殖促进剂并用。这方面虽然还有一些问题有待研究，但我们对其中一些产品的应用检测证明，它在改善肠道菌群构成和降低肠道 pH 与缓解便秘上的功效是明显的、可靠的。尽管其中有益的菌不多甚至极少，仍然在改善这类肠道功能上效果卓著。所以当前在这类保健食品的开发上，这种有益菌及其增殖因子并用的产品是值得推广的。

第三节　功能性甜味料加工技术

一、功能性甜味剂概述

随着人们对低糖饮食的追求，功能性甜味剂作为传统甜味剂的有益补充应运而生。它是具有特殊生理功能或特殊用途的不含有蔗糖的食品添加剂。它包含两层含义：一是最基本的、对健康无不良影响并解决了多吃蔗糖无益于身体健康的问题；二是更高层次的、对人体健康起有益的调节或促进的作用。

目前，功能性甜味剂主要分成两大类，即强力甜味剂和填充型甜味剂。强力甜味剂的甜度通常为蔗糖的 50 倍以上。依来源的不同，强力甜味剂分为天然提取物、天然产物的化学改性产品和纯化学合成产品三大类。填充型甜味剂的甜度通常为蔗糖的 0.2～2 倍，兼有甜味剂和填充剂的作用，可赋予食品结构和体积。填充型甜味剂分为功能性单糖、功能性低聚糖和多元糖醇三大类。

功能性甜味剂以其特殊的生理功能，既能满足人们对甜食的偏爱，又不会引起副作用，并对糖尿病、肝病患者有一定的辅助治疗作用。它对发展食品工业，提高人们的健康水平，丰富人们的物质生活起着重要的作用。

本节主要讲述功能性单糖和功能性低聚糖。

二、功能性单糖

自然界中的单糖有很多种类，如葡萄糖、果糖、木糖、甘露糖和半乳糖等；单糖几乎都是 D-糖，其中属于功能性食品基料的仅 D-果糖一种，这是因为它具有以下几种独特的性质：甜度大，等甜度下的能量值低，可在低能量食品中应用；代谢途径与胰岛素无关，可供糖尿病患者食用；不易被口腔微生物利用，对牙齿的不利影响比蔗糖小，不易造成龋齿。

L-糖在自然界很少存在，因为它不是机体糖代谢酶系所需的构型，其不被人体代谢，因而没有能量，但其化学和物理性质如沸点、熔点、可溶性和外观等都一样，而且它们的甜味特性也相似。因此，L-糖能够代替 D-糖加工出相同的食品，是一种有巨大发展潜力的低能量的功能性甜味剂。

1. 果糖的物化性质和甜味特性

纯净的果糖呈无色针状或三棱形结晶，故称结晶果糖（crystalline fructose）；能使偏振光面左旋，在水溶液中有变旋光现象，见图 6-7；吸湿性强，吸湿后呈黏稠状。

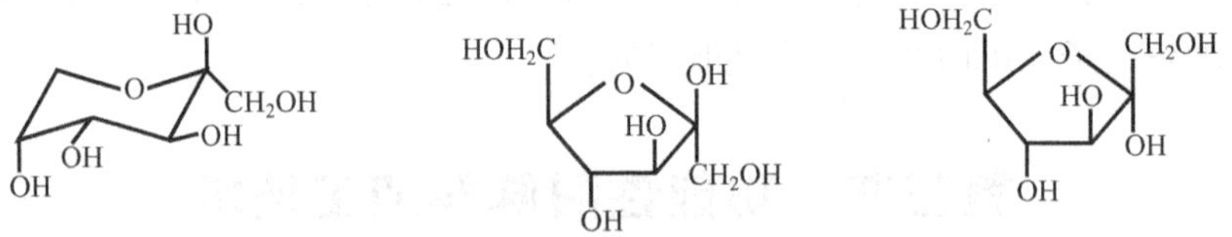

β-D-吡喃果糖   β-D-呋喃果糖   α-D-呋喃果糖

图 6-7　果糖的互变异构体

结晶果糖在 pH 3.3 时最稳定，其热稳定性较蔗糖和葡萄糖低；具有还原性，能与可溶性氨基化合物发生美拉德褐变；与葡萄糖一样可被酵母发酵利用，故可用于焙烤食品中。果糖不是口腔微生物的合适底物，不易造成龋齿。果糖的净能量值为 15.5kJ/g，等甜度下的能量值较蔗糖和葡萄糖低，加上它优越的代谢特性，因此是一种重要的低能量功能性甜味剂。

果糖是最甜的天然糖品，通常认为，甜度为蔗糖的 1.2～1.8 倍。温度、pH 和浓度都会影响果糖的甜度，其中温度的影响最明显，温度降低，甜度升高。果糖还具有很好的甜味协同作用，可同其他甜味剂混合使用。10%的果糖和蔗糖的混合溶液（果糖/蔗糖＝60/40）比纯蔗糖的 10%的水溶液甜度提高 30%，50/50 的果糖蔗糖混合物的甜度为纯蔗糖的 1.3 倍。这种协同机制在果糖与其他高甜度甜味剂，如糖精钠、蛋白糖的混合使用中显得更加突出。

2. L-糖的物化性质和甜味特性

对某一特定的 L-糖和 D-糖，它们的差别仅是由于它们的镜影关系引起的。其化学和物理性质如沸点、熔点、可溶性、黏度和外观等都一样，而且它们的甜味特性也相似。因此，可以用 L-糖代替 D-糖加工相同的食品，同时又降低了产品的能量。

在一些包含 L-糖和 D-糖的试验中，通过风味评定证实了 L-糖及其异构体 D-糖的口感在实验允许误差范围内是一样的。L-糖和 D-糖在水中的稳定性也一样。就现在所能得到的低能量甜味剂而言，除 D-果糖之外，没有一种能在焙烤中发生褐变反应，而 L-糖则可能。目前，已应用在食品和医药品中的 L-糖包括 L-古洛糖（L-gulose）、L-果糖、L-葡萄糖、L-半乳糖、L-阿洛糖（L-allose）、L-艾杜糖（L-idose）等。

3. 功能性单糖的加工

（1）结晶果糖的加工　目前，以果葡糖浆生产工艺为基础，利用酶技术生产出结晶果糖。具体工艺流程如图6-8所示。

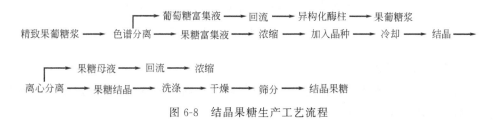

图 6-8　结晶果糖生产工艺流程

42%果葡糖浆经过模拟流动床色谱分离得高纯度果糖富集液（含果糖97%，干基），再经单效蒸发器浓缩至物质含量大于70%，在此糖浆溶液或醇-水系统中加入晶种进行冷却结晶，温度慢慢由60℃降至25℃，约有50%果糖结晶析出，果糖母液再回流。然后，经过离心机分离、蒸馏水洗涤、干燥、筛分等工艺处理，最后得到无水 β-D-果糖结晶。结晶果糖吸湿性大，需在相对湿度低于45%的环境密封保存。

（2）果葡糖浆的加工　果葡糖浆一般以富含淀粉的物质如玉米、马铃薯、小麦等或直接以淀粉为原料，经液化、糖化和异构化工艺加工而成。原料液化和糖化可以用酸（盐酸、草酸等）水解法，也可以用酶水解法。

许多工厂采用双酶法生产果葡糖浆。淀粉或液化富含淀粉的原料经 α-淀粉酶、β-淀粉酶水解到一定程度的糊精的低聚糖程度，黏度大为降低，流动性增高，为酶糖化提供物质基础。糖化时利用葡萄糖淀粉酶进一步将上述产物水解成葡萄糖，制得淀粉糖化液，精制后，再经葡萄糖异构酶的作用，将葡萄糖异构为果糖，制得果葡糖浆。具体工艺流程如图6-9所示。

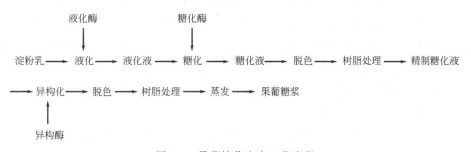

图 6-9　果葡糖浆生产工艺流程

（3）L-糖加工　除自然界存在的以外，L-糖可通过化学合成法、酶法、化学异构化法和遗传工程法等来制备，可以由这些方法合成包括 L-葡萄糖和 L-果糖在内的十几种 L-糖。但目前投入工业化生产规模的仅 L-山梨糖一种，它是维生素 C 生产过程中的一种中间产物。L-山梨糖具体的生产工艺流程如图 6-10 所示。

$$\text{葡萄糖} \xrightarrow{\text{H}_2/\text{Ni}} \text{D-山梨糖醇} \xrightarrow{\text{微生物发酵}} \text{L-山梨糖} \xrightarrow{\text{微生物发酵}}$$

$$\text{2-酮基-L-古洛酸} \xrightarrow{\text{MeOH/H}^+} \text{甲基-2-酮基-L-古洛酸} \xrightarrow{\text{MeO}^-} \text{L-抗坏血酸}$$

图 6-10　L-山梨糖生产工艺流程

4. 功能性单糖的应用

果糖可以同其他甜味剂、淀粉和其他风味添加剂起协同作用，增强风味和节约添加剂，广泛应用于食品工业中。

（1）果糖的应用

① 果糖与其他甜味剂混合使用：一般高甜度的甜味剂有苦涩味和金属味，如糖精钠。果糖与其他高甜度甜味剂混合使用则可大大降低甜味剂的热值和保证甜味剂的甜味纯正。在保证配制的甜味剂甜味纯正的前提下，果糖与糖精混合使用可将甜度提高 50%～60%。

通常在可可粉之类饮料中，结晶果糖的甜度会下降。但以 98:1 比例混合的果糖与糖精混合物，在巧克力粉中有独特效果。

② 在低热值饮料中的应用：如低热值草莓-橙汁饮料。其配方为结晶果糖 80.97%，浓缩橙汁 10.12%，草莓酱 6.07%，柠檬酸 1.55%，草莓香精 1.01%，抗坏血酸 0.3%，柠檬酸钠 0.3%，橘子香精 0.2%，色素少许。在上述配方的混合物中加 11～13 倍的冰水搅匀即可饮用。

③ 果糖在低能量蛋糕中的应用：1984 年，由 Hoffmann-La Roche 公司和美国 Xyrofin 联合研制出一系列使用果糖的低能量蛋糕粉。后来，美国国立淀粉与化学联合公司在此基础上研制出一种称为 "Matrix System" 的产品来。它是一种由乳化剂、碳水化合物型油脂模拟品和植物胶组成的平衡混合物，商品名为 "N-Flare"。将 Matrix System 用在蛋糕上，它可控制面团糊状物的黏度并提供平衡性，使得产品的容积增大、蜂窝孔状结构精细均匀。用 Matrix System 制得的蛋糕能保持更多的水分，这使蛋糕的食用品质变好、货架稳定性提高，配合使用 Matrix System（即 N-Flate）和结晶果糖制造蛋糕时，还可以不用起酥油或植物油，使这种蛋糕的能量比一般蛋糕减少 33% 以上。

④ 在乳制品中的应用：果糖用于酸乳酪中可起到增甜和增香作用，减少果汁的用量，降低成本，还可降低产品的热量。使用果糖作甜味剂，同样的总固形物可

多生产 15％的巧克力奶，因而降低产品的热值和成本。

⑤ 在冷饮中的应用：糖对冰淇淋的质构与溶化有重要的影响，糖的浓度越高，冰淇淋的融点降得越多。果糖代替蔗糖后，冰淇淋的外观、质构和风味差别不大，但在 25℃储存 3 个月后，用果糖的冰淇淋的融化情况仍然令人满意，而用蔗糖的却不好。

（2）果葡糖浆的应用　果葡糖浆的糖类组成与蜂蜜相近，所以果葡糖浆用于各类饮料，如汽水、可乐型饮料和果汁中，不但风味好，而且透明度也好，也可用于含酒精饮料，如果酒、酒、汽酒、药酒和其他配制酒。

果葡糖浆的冰点较蔗糖低，用于加工冰淇淋、雪糕等可避免冰晶的出现，使产品柔软、细腻。果葡糖浆中的果糖和葡萄糖的单糖发酵速度快这一特点，果葡糖浆用于面包等酵母发酵食品，则发酵速度快，气孔性也好。此外，果葡糖浆还适宜加工果脯、蜜饯、果酱等。

三、功能性低聚糖

1. 功能性低聚糖概述

低聚糖（oligosaccharide）或寡糖，是由 2～10 个分子单糖通过糖苷键连接形成直链或支链的低度聚合糖。低聚糖主要分两大类，一类是 β-(1→4)-葡萄糖苷键等连接的低聚糖，称为直接低聚糖或普通低聚糖，如蔗糖、乳糖、麦芽糖、麦芽三糖和麦芽四糖；另一类是以 α-(1→6)-葡萄糖苷键连接的低聚糖，称为双歧增殖因子，这些低聚糖因人体没有代谢这类低聚糖的酶系，所以就成为难消化性低聚糖，也就是说，人吃了不产生热量，所以称它们为功能性低聚糖。

功能性低聚糖包括低聚异麦芽糖、低聚半乳糖、低聚果糖、低聚乳果糖、乳酮糖、大豆低聚糖、低聚木糖、帕拉金糖、耦合果糖、低聚龙胆糖等，其中，除了低聚龙胆糖无甜味反具有苦味外，其余的均带有程度不一的甜味，可作为功能性甜味剂用来完全替代或部分替代食品中的蔗糖，迄今为止，已知的功能性低聚糖有1000 多种，自然界中只有少数食品中含有天然的功能性低聚糖，例如洋葱、大蒜、菊苣根等含有低聚果糖，大豆中含有大豆低聚糖。由于受到生产条件的限制，所以除大豆低聚糖等少数几种由提取法制取外，大部分由来源广泛的淀粉原料经生物技术合成。

2. 低聚糖的生理功能

（1）低能量或无能量　由于大多数功能性低聚糖的糖苷键不能被人体内的消化酶水解，摄食后难以消化吸收，因而能量值很低或为零。基本上不增加血糖、血脂，能有效防治肥胖、高血压、糖尿病等。

（2）调节肠道功能，促进肠道中有益菌群建立　功能性低聚糖通过消化道不被酸和酶分解，直接进入大肠为双歧杆菌利用，使双歧杆菌得以迅速增加。人体摄入低聚果糖后，体内双歧杆菌数量可以增加 100～1000 倍。这种选择性增殖作用不仅使得肠道菌群得到优化，而且使肠道微环境得到改善，促进肠道内有益微生物菌群的建立。

（3）预防龋齿　龋齿主要是由突变链球菌引起的，大量研究表明突变链球菌产生的葡萄糖转移酶不能将低聚糖分解成黏着性的单糖如葡萄糖、果糖、半乳糖等，另外突变链球菌从功能性低聚糖生成的乳酸也明显比从非功能性低聚糖生成的乳酸少，故功能性低聚糖是一种低龋齿性糖类。

（4）提高机体的免疫力　双歧杆菌能防止外源性病原微生物的生长和内源性有害微生物的过度生长，这种抑制作用主要源于双歧菌产生的短链脂肪酸的抑菌作用，乙酸和乳酸对病原菌的抑制作用已为许多研究者所证实。服用功能性低聚糖能够抑制有毒物质的产生，降低有害酶的生成量，这已在人体实验和人类粪便微生物的测试中得到证实。

（5）抗肿瘤作用　大量试验表明，双歧杆菌在肠道内大量繁殖对小动物有抗癌作用，这种作用归功于双歧杆菌的细胞，细胞壁物质和细胞间物质使机体免疫力提高。双歧杆菌具有免疫激活作用，可增强巨噬细胞、淋巴细胞的吞噬活性，直接杀伤肿瘤细胞。双歧杆菌及其表面分子活性结构可直接或间接地清除致肿瘤物质，从而保护机体免受肿瘤物质损害。

3. 常见的功能性低聚糖

（1）低聚异麦芽糖　低聚异麦芽糖又称分枝低聚糖，是功能低聚糖中产量最大、目前市场销售最多的一种。它是指葡萄糖之间至少有一个以 α-(1→6)-糖苷键结合而成的单糖数在 2～5 不等的一类低聚糖，商品低聚异麦芽糖主要由异麦芽糖、潘糖、异麦芽三糖和四糖组成，占总糖的 50％以上。化学结构如图 6-11所示。

（2）低聚半乳糖　低聚半乳糖是在乳糖分子上通过 β-(1→6)-糖苷键结合 1～4个半乳糖的杂低聚糖，其产品中含有半乳糖基乳糖、半乳糖基葡萄糖、半乳糖基半乳糖等，属于葡萄糖和半乳糖组成的杂低聚糖。化学结构如图 6-12 所示。目前低聚半乳糖已被广泛地应用于乳制品、面包、饮料、果酱、饴糖、软糖、糕点、酱料、酸味饮料等。

（3）低聚果糖　又称低聚蔗果糖或寡果糖，它广泛存在于自然界，是在蔗糖分子上以 β-(1→2)-糖苷键与 1～3 个果糖结合而成的低聚糖，主要由蔗果三糖、蔗果四糖、蔗果五糖组成的混合物。化学结构如图 6-13 所示。低聚果糖可应用于饮料（发酵乳、乳饮料、咖啡、碳酸饮料等）、糕点、糖果、冷饮、冰淇淋、火腿等。

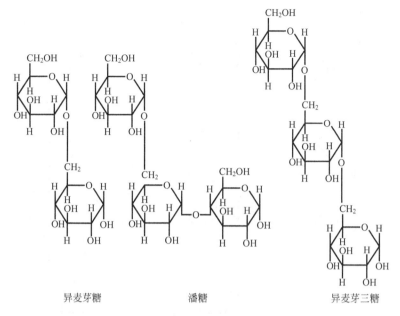

异麦芽糖　　　　　　　潘糖　　　　　　　异麦芽三糖

图 6-11　麦芽糖、潘糖、异麦芽三糖的化学结构

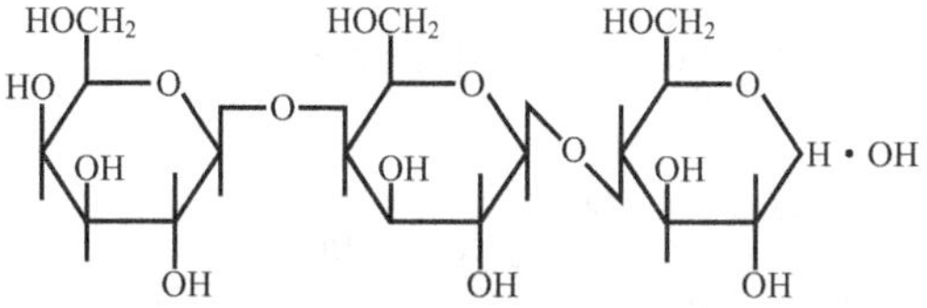

图 6-12　低聚半乳糖的化学结构

（4）低聚乳果糖　图 6-14 为低聚乳果糖的分子结构式。产品有浆状、粉末状，应用于面包、冷饮、糖果、糕点等。

4. 功能性低聚糖的加工

（1）加工方法　获得功能性低聚糖的途径主要有三个：从天然原料中提取、用化学合成法制得或酶学方法生产。

① 从天然原料中提取：从天然原料中提取的未衍生低聚糖有棉籽糖（甜菜汁中）、大豆低聚糖等。但大多数天然原料中的低聚糖含量极低。对于衍生物，先纯化糖蛋白，再去掉蛋白质获得低聚糖，工艺操作费时，成本又高。

② 化学合成法：由于一些常见单糖，如葡萄糖、半乳糖和甘露糖等分子上有 5 个羟基，5 个羟基的反应特性相似，这就意味着低聚糖合成时可以从 5 个方位连接延长，因而化学合成法需引入多步保护反应和去保护反应，比较烦琐、复杂。

③ 酶学方法：根据不同酶制备低聚糖的机理不同，可分为以下三类。

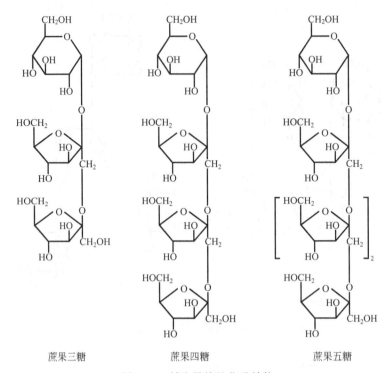

蔗果三糖　　　　　　　　蔗果四糖　　　　　　　　蔗果五糖

图 6-13　低聚果糖的化学结构

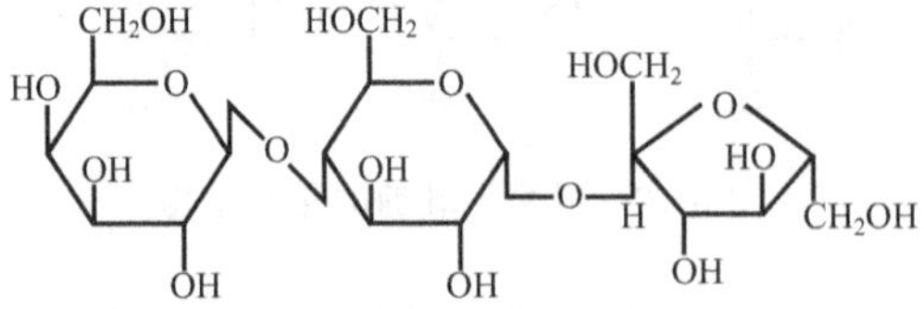

图 6-14　低聚乳果糖的化学结构

a. 转移糖苷合成法：在生物体内，寡糖是以核苷二磷酸糖为底物，由三磷酸腺苷水解提供能量，通过专一性极强的糖苷转移酶催化合成。该方法的局限性在于天然存在的糖苷转移酶含量极少且稳定性差，因此能否工业化取决于底物核苷二磷酸糖的再生作用。用此方法合成的低聚糖有环状糊精（环状糊精合成酶）、帕拉金糖和海藻糖（α-葡萄糖基转移酶）及龙胆二糖（β-葡萄糖基转移酶）等。

b. 可逆水解合成法：用糖苷酶通过可逆水解反应催化单糖缩合成寡糖。糖苷酶可催化下述反应。

$$A—B+H_2O \underset{糖苷酶}{\rightleftharpoons} A—H+B—OH$$

该方法的特点是受体底物的特异性不高，缺点是合成得率较低，一般需酶浓度高，反应时间长。此外，还可通过糖苷酶的转糖基作用将供体的糖残基转给某个受体。与逆水解反应相比，由于酶具有高度亲和性与高活性等特点，转糖基反应速率快、产量高。用该方法合成的低聚糖有低聚甘露糖（α-甘露糖苷酶）、低聚半乳糖（β-半乳糖苷酶）和低聚异麦芽糖（α-葡萄糖苷酶）等。

c. 酶水解法：用聚糖酶降解高分子多糖，生成短链的低聚糖。如用甘露聚糖酶水解甘露聚糖生产低聚甘露糖、用壳聚糖酶水解壳聚糖生产壳低聚糖、用果聚糖酶生产低聚果糖及用木聚糖酶生产低聚木糖等。

（2）加工工艺

① 低聚异麦芽糖：其生产方法主要有两种。一是采用葡萄糖淀粉酶合成反应生产，但产率只有20%～30%，且产物复杂，生产周期长，不适合工业化生产。二是用麦芽糖浆通过葡萄糖基转移酶（又称α-葡萄糖苷酶）生产。α-葡萄糖苷酶能断开麦芽糖和麦芽低聚糖分子结构中的α-(1→4)-糖苷键，同时使游离出来的一个葡萄糖残基转移到另一个葡萄糖分子或麦芽糖、麦芽三糖等分子中的α-(1→6)-位上形成异麦芽糖、异麦芽三糖、异麦芽四糖和潘糖等。这种方法分为两大步骤，首先以淀粉作为原料，用α-淀粉酶水解得到麦芽糖浆，然后再用葡萄糖苷转移酶进行糖基转移而得低聚异麦芽糖。其生产工艺流程如下：淀粉→调浆→淀粉乳（浓度30%，pH 6）→喷射液化（α-淀粉酶）→糖化（α-葡萄糖苷酶，pH＝5～6，55～60℃）→灭酶→过滤（硅藻土）→脱色（活性炭）→脱盐（离子交换树脂）→真空浓缩→IMO-500（糖浆）→柱分离→IMO-900（糖浆）→喷雾干燥→IMO-900P（糖粉）。

② 低聚半乳糖：工业生产中常以高浓度乳糖作为原料，用β-半乳糖苷酶催化乳糖水解，同时将催化水解出来的一个半乳糖残基或葡萄糖残基转移到另一个乳糖或葡萄糖或半乳糖分子上而得产品。β-半乳糖苷酶可以由米曲霉、乳糖酵母、环状芽孢杆菌等微生物生产。其生产工艺流程如下：乳糖溶液（40%）→转移反应（β-半乳糖苷酶，pH 5，50℃，24h）→脱盐（离子交换树脂）→色谱分离→脱色（活性炭）→真空浓缩→产品。

③ 低聚果糖：目前工业生产方法主要有两种。第一种是以菊芋（chicory）为原料提取菊粉，再经酶水解而得。这个方法工艺简单，转化率高，副产物少，但关键是内切型菊粉酶的提取，它可以通过许多微生物来培养，这些微生物有酵母、黑曲霉、枯草芽孢杆菌等。菊粉酶的提取是生产的关键，其生产工艺流程如下：菊芋→菊粉→菊粉酶水解→过滤（硅藻土）→脱色→脱盐→真空浓缩→产品。

第二种方法是以蔗糖为原料，采用固定化酶法进行连续反应，将高浓度的蔗糖溶液在50～60℃下以一定速率流过固定化酶柱，利用β-果糖转移酶进行一系列转移反应而获得低聚果糖。该法连续性好，自动化程度高，操作稳定性好，能反复使用，利用率高。其生产工艺流程如下：蔗糖（50%～60%）固定化酶柱或固定化床生物反应器（24h，50～60℃）→糖液→脱色（活性炭）→脱盐（离子交换树脂）→真空浓缩→产品。

（3）大豆低聚糖　一般以大豆乳清液为原料，经过分离提纯，精制而得。另一种工艺路线是直接用大豆作为原料依次提取豆油、大豆低聚糖和大豆多肽等。下面是以乳清为原料的生产工艺：乳清→加热（到70℃）→过滤→脱盐（离子交换树脂或电渗析）→脱色（活性炭）→浓缩（反渗透至糖浆12％，真空浓缩）→净化（膜分离）→产品。

第七章　功能食品的质量控制

第一节　功能食品管理的一般原则

我国保健（功能）食品采取两级审批制度，省级卫生行政部门进行初审，重点是食品安全毒理的审查，卫计委进行终审并批准。只有卫计委批准的，并发给《保健食品批准证书》的食品才能称作保健（功能）食品，并允许使用保健食品专用标识。

我国《食品安全法》于 2009 年 2 月 28 日颁布，同年 6 月 1 日施行。其中第五十条明确规定"国家对声称具有特定保健功能的食品实行严格监管。有关监督管理部门应当依法履职，承担责任。具体管理办法由国务院规定。声称具有特定保健功能的食品不得对人体产生急性、亚急性或者慢性危害，其标签、说明书不得涉及疾病预防、治疗功能，内容必须真实，应当载明适宜人群、不适宜人群、功效成分或者标志性成分及其含量等；产品的功能和成分必须与标签、说明书相一致。"

一、保健（功能）食品的审批

（一）对保健（功能）食品的要求

按照《保健食品管理办法》的有关规定，保健食品必须符合如下要求。

① 经必要的动物和（或）人群功能试验，证明其具有明确、稳定的保健作用。

② 各种原料及其产品必须符合食品卫生要求，对人体不产生任何急性、亚急性或慢性危害。

③ 配方的组成及用量必须具有科学依据，具有明确的功效成分。如在现有技术条件下不能明确功能成分，应确定与保健功能有关的主要原料名称。

④ 标签、说明书及广告不得宣传疗效作用。

（二）审查

凡声称具有保健功能的食品必须经卫计委审查确认。研制者应向所在地的省级卫生行政部门提出申请。经初审同意后，报卫计委审批。卫计委对审查合格的保健食品发给《保健食品批准证书》，批准文号为"国食健字（　　）第　　号"。获得

图 7-1　保健食品标志

《保健食品批准证书》的食品准许使用卫计委规定的保健食品标志（标志图案见图 7-1）。

2003 年，由原卫生部承担的保健食品审批职能划转国家食品药品监督管理总局。同年 10 月，国家食品药品监督管理总局正式启动了保健食品受理审批工作。目前，保健食品的质量标准由国家质量监督检验检疫总局颁布，保健食品的生产和市场监督由卫计委等部门负责。2005 年 9 月 20 日，国家食品药品监督管理总局下发《保健食品清理换证方案（征求意见稿）》，并将对保健食品生产企业原来批准的证书重新登记审核，以往两种批准文号"卫食健字"及"国食健字"将被统一规范为"国食健字"。

（三）申报

1. 国内保健（功能）食品的申报

（1）基本流程　保健（功能）食品的申请者，必须向其所在省、自治区、直辖市卫计委提出申请，填写《保健食品申请表》，并报送《保健食品管理办法》第六条规定的申报资料和样品。其主要流程如下：提供申报材料和样品→填写申报表→申报材料→省级卫生行政部门初审→卫计委终审→颁发《保健食品批准证书》→申请生产许可证。

（2）申请《保健食品批准证书》时所需提交资料

① 保健食品申请表。

② 保健食品的配方、生产工艺及质量标准。

③ 毒理学安全性评价报告。

④ 保健功能评价报告。

⑤ 保健食品的功效成分名单，以及功效成分的定性和（或）定量检验方法、稳定性试验报告。因在现有技术条件下，不能明确功效成分的，则须提交食品中与保健功能相关的主要原料名单。

⑥ 产品的样品及其卫生学检验报告。

⑦ 标签及说明书（送审样）。

⑧ 国内外有关资料。

⑨根据有关规定或产品特性应提交的其他材料。

2. 进口保健食品的申报

申报进口保健食品的具体流程如图 7-2 所示。

申报进口保健食品时，进口商或代理人必须向卫计委提出申请。申请时，除提供《保健食品管理办法》第六条规定的所需材料外，还要提供出产国（地区）或国

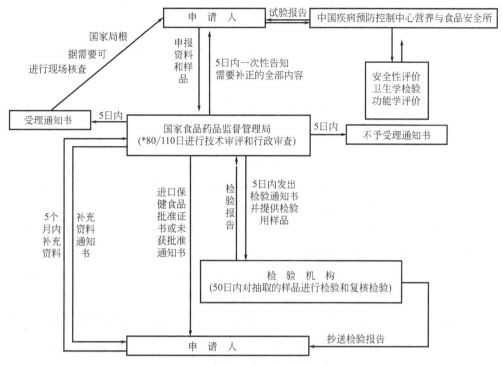

图 7-2　进口保健食品申报流程

际组织的有关标准，以及生产、销售国（地区）有关卫生机构出具的允许生产或销售的证明。具体需要提交的材料如下所示。

① 进口保健食品卫生许可申请表。

② 产品配方及依据。

③ 功效成分、含量及功效成分的检验方法。

④ 生产工艺及简图。

⑤ 产品质量标准（企业标准）。

⑥ 检验机构出具的检验报告：毒理学安全性评价报告；保健功能评价报告；功效成分鉴定报告；稳定性试验报告；卫生学检验报告；根据产品的功能和原料特性要求的其他试验报告。

⑦ 产品设计包装（含产品标签）。

⑧ 产品说明书。

⑨ 产品在生产国（地区）允许生产销售的证明文件。

⑩ 可能有助于评审的其他资料（如国内外有关资料）。

另附未启封的完整产品样品小包装 1 件。

卫计委对审查合格的进口保健食品发放《进口保健食品批准证书》，取得《进口保健食品批准证书》的产品必须在包装上标注批准文号和卫计委规定的保健食品标志。

口岸进口食品卫生监督检验机构凭《进口保健食品批准证书》进行检验，合格后放行。

二、保健（功能）食品的生产经营

1. 生产的审批与组织

在生产保健食品前，食品生产企业必须向所在地的省级卫生行政部门提出申请，经省级卫生行政部门审查同意并在申请者的卫生许可证上加注"××保健食品"的许可项目后方可进行生产。

未经卫计委审查批准的食品，不得以保健食品名义生产经营；未经省级卫生行政部门审查批准的企业，不得生产保健食品。

保健食品生产者必须按照批准的内容组织生产，不得改变产品的配方、生产工艺、企业产品质量标准以及产品名称、标签、说明书等。

保健食品的生产过程、生产条件必须符合相应的食品生产企业卫生规范或其他有关卫生要求。选用的工艺应能保持产品功效成分的稳定性。加工过程中功效成分不损失，不破坏，不转化和不产生有害的中间体。

应采用定型包装。直接与保健食品接触的包装材料或容器必须符合有关卫生标准或卫生要求。包装材料或容器及其包装方式应有利于保持保健食品功效成分的稳定。

保健食品经营者采购保健食品时，必须索取卫计委发放的《保健食品批准证书》复印件和产品检验合格证。

采购进口保健食品应索取《进口保健食品批准证书》复印件及口岸进口食品卫生监督检验机构的检验合格证。

2. 产品标签、说明书及广告宣传

保健食品标签和说明书必须符合国家有关标准和要求，并标明下列内容。

① 保健作用和适宜人群。

② 食用方法和适宜的食用量。

③ 储藏方法。

④ 功效成分的名称及含量。因在现有技术条件下，不能明确功效成分的，则须标明与保健功能有关的原料名称。

⑤ 保健食品批准文号。

⑥ 保健食品标志。

⑦ 有关标准或要求所规定的其他标签内容。

保健食品的名称应当准确、科学，不得使用人名、地名、代号及夸大或容易误解的名称，不得使用产品中非主要功效成分的名称。

保健食品的标签、说明书和广告内容必须真实，符合其产品质量要求。不得有暗示可使疾病痊愈的宣传。严禁利用封建迷信进行保健食品的宣传。

三、保健（功能）食品的监督管理

根据《中华人民共和国食品安全法》以及卫计委有关规章和标准，各级卫生行政部门应加强对保健食品的监督、监测及管理。卫计委对已经批准生产的保健食品可以组织监督抽查，并向社会公布抽查结果。

卫计委可根据以下情况确定对已经批准的保健食品进行重新审查。

① 科学发展后，对原来审批的保健食品的功能有认识上的改变。

② 产品的配方、生产工艺，以及保健功能受到可能有改变的质疑。

③ 保健食品监督监测工作的需要。

保健食品生产经营者的一般卫生监督管理，按照《食品安全法》及有关规定执行。

第二节　功能食品良好操作规范

1998 年，我国卫生部颁布《保健食品良好生产规范》（GB 17405—1998），对生产功能性食品的企业人员、设施、原料、生产过程、成品储存与运输、品质和卫生管理方面的基本技术要求做出规定。2011 年，为贯彻落实《食品安全法》及其实施条例对保健食品实行严格监管的要求，加强保健食品生产管理，国家食品药品监督管理总局拟订了《保健食品良好生产规范（修订稿）》（以下简称《修订稿》），并公开征求意见。本节将对该《修订稿》中关于保健食品企业厂房与设施、设备、物料与成品等方面的内容作简要介绍。

一、厂房与设施、设备

《修订稿》中第二十二条至第五十七条对保健食品厂厂房与设施及设备的要求进行了详细规定。

第二十二条　生产过程产生的废水、废气、废弃物不得对产品造成污染，其处理必须符合国家有关规定。

第二十三条　厂房建筑结构应当完整，并能满足生产工艺和质量、卫生及安全生产要求，并应当考虑使用时便于进行清洁工作。

第二十四条　厂房应当有防止昆虫和其他动物进入的设施。

第二十五条　厂房应当按生产工艺流程及所要求的洁净级别进行合理布局，厂区和厂房内的人、物流走向合理，防止交叉污染。

第二十六条　应当根据保健食品品种、生产操作要求及外部环境状况配置空气净化系统，使生产区有效通风，并有温度控制、必要的湿度控制和空气净化过滤，保证保健食品的生产环境。

片剂、胶囊、软胶囊、最终灭菌口服液、丸剂、颗粒剂、粉剂、茶剂、膏剂等保健食品暴露工序及其直接接触保健食品的包装材料最终处理的暴露工序区域，应当按不低于300000级洁净区要求设置。

非最终灭菌口服液、益生菌类保健食品暴露工序及其直接接触保健食品的包装材料最终处理的暴露工序区域，应当按不低于100000级洁净区要求设置。

其他形态保健食品生产区域应当根据工艺要求，采取相应的净化措施。

第二十七条　洁净室（区）的内表面应当平整光滑、无裂缝、接口严密、无颗粒物脱落，并能耐受清洗和消毒，墙壁与地面的交界处宜成弧形或采取其他措施，以减少灰尘积聚和便于清洁。

第二十八条　洁净室（区）的窗户、天棚及进入室内的管道、风口、灯具与墙壁或天棚的连接部位均应当密封。

第二十九条　洁净室（区）内各种管道、灯具、风口以及其他公用设施，在设计和安装时应当考虑使用中避免出现不易清洁的部位。

第三十条　洁净室（区）应当根据生产要求提供足够的照明，对照度有特殊要求的生产部位应当设置局部照明。厂房应当有应急照明设施。

第三十一条　生产车间应当分别设置与洁净级别相适应的人、物流通道，避免交叉污染。人流通道应当按要求设置合理的洗手、消毒、更衣设施，物流通道应当设置必要的缓冲和清洁设施。

第三十二条　生产车间应当有与生产规模相适应的面积和空间，以有序地安置设备和物料，便于生产操作，防止差错和交叉污染。

第三十三条　洁净室（区）内设置的称量室和备料室，空气洁净度级别应当与生产要求一致，并有捕尘和防止交叉污染的设施。

第三十四条　生产车间应当设置工具容器清洗间、存放间，用于生产用工具容器的清洗和存放；应当设置洁具间，用于清洁工具的清洗和存放。

第三十五条　空气洁净度等级不同的相邻房间（区域）之间应当设置缓冲区域，静压差应当大于5帕。空气洁净度规定保持相对负压的相邻房间（区域）之间的静压差应当符合规定，应当有指示压差的装置，并记录压差。洁净室（区）与室外大气的静压差应当大于10帕，并应当有压差指示的装置。

第三十六条　厂房必要时应当有防尘及捕尘设施。空气洁净度等级相同的区域内，产尘量大的操作室应当保持相对负压。产尘量大的洁净室（区）经捕尘处理不能避免交叉污染的，其空气净化系统不得利用回风。

第三十七条　洁净室（区）的温度和相对湿度应当与生产工艺要求相适应当，无特殊要求时，温度应当控制在18℃～26℃，相对湿度控制在45％～65％。

第三十八条　排水设施应当大小适宜，并安装防止倒灌的装置。洁净室（区）内安装的水池、地漏应当符合相应洁净要求，不得对物料、中间产品和成品产生污染。

第三十九条　动植物原材料的前处理、提取、浓缩等生产操作场所应当与其生产规模和工艺要求相适应，必须与其制剂生产严格分开，并有良好的通风、除烟、除尘，降温设施。

第四十条　与保健食品直接接触的干燥用空气、压缩空气和惰性气体应当经净化处理，符合生产要求。

第四十一条　物料和成品的储存场所应当具备以下条件和设施：

（一）面积应当与所生产的品种、规模相适应；

（二）根据物料和成品的不同性质，设置不同的库（区）；

（三）应当有防火、照明、通风、避光设施；

（四）按储存要求配备必要的控温和控湿设施并做好记录。

（五）特殊要求的，应当配备相应设施，并符合相关规范要求。

第四十二条　应当设置与生产品种和规模相适应的检验室，满足物料、中间产品及成品等质量检验和控制的要求。

检验室、动植物标本室、留样观察室以及其他各类实验室应当与保健食品生产区分开。致病菌检测的阳性对照、微生物限度检定要分室进行。

对有特殊要求的仪器、仪表，应当安放在专门的仪器室内，并有防止静电、震动、潮湿或其它外界因素影响的设施。

第四十三条　应当建立厂房及设施的保养维修制度，定期对厂房及设施进行保养维修，并做好记录；保养维修时应当采取适当措施，避免对保健食品的生产造成污染。

第四十四条　厂区、车间、工序和岗位均应当按生产和空气洁净度级别的要求制定场所、设备和设施等的清洁消毒规程，内容应当包括：清洁消毒方法、清洁消毒程序和间隔时间等。

第四十五条　厂区应当定期或在必要时进行除虫灭害工作，采取有效措施防止鼠类、蚊蝇、昆虫等的聚集和滋生，并对除虫灭害工作建立制度和记录。

第四十六条　应当具有与生产品种和规模相适应的生产设备，设备设置应当根据工艺要求合理布局，避免引起交叉污染；上、下工序应当衔接紧密，操作方便。

第四十七条　设备选型应当符合生产和卫生要求，易于清洗、消毒或灭菌，便于生产操作和保养维修，并能防止差错和污染。

第四十八条　应当建立设备档案，保存设备采购、安装、确认和验证、使用的文件和记录。

第四十九条　与物料、中间产品直接或间接接触的所有设备与用具，应当使用安全、无毒、无臭味或异味、防吸收、耐腐蚀且可承受反复清洗和消毒的材料制造。

第五十条　产品接触面的材质应当符合食品相关产品的有关标准，应当使用表面光滑、易于清洗和消毒、不吸水、不易脱落的材料。

第五十一条　设备所用的润滑剂、冷却剂等不得对保健食品或容器造成污染。

第五十二条　管道的设计和安装应当避免死角和盲管。与设备连接的主要固定管道应当标明管内物料名称和流向。

第五十三条　保健食品的制剂成型、填充、灌装和分装等工序应当使用自动化设备。因工艺特殊，确实无法采用自动化设备的，应当经工艺验证，确保产品质量。

第五十四条　生产用水的制备、储存和分配应当能防止微生物的滋生和污染。储罐和输送管道所用材料应当无毒、耐腐蚀。储罐和管道要规定清洗、灭菌周期。

第五十五条　用于生产和检验的仪器、仪表、量具、衡器等，其适用范围和精密度应当符合生产和检验要求，并保存相应的操作记录。

第五十六条　应当建立设备清洁、保养和维修的规程，定期进行保养和维修，并保存相应的操作记录。

第五十七条　应当选用符合国家相关规定的清洁剂和消毒剂，按产品说明书使用，不得对设备、原料和产品造成污染，并保证清洁和消毒效果。

二、物料与成品

《修订稿》中第五十八至第七十六条对保健食品中所使用的原辅料及成品的要求进行了详细规定。

第五十八条　应当制定保健食品生产所用原辅料和包装材料的采购、验收、储存、发放和使用等管理制度。

第五十九条　原辅料和包装材料应当符合相应的食品安全标准，其品种、质量要求等应当与批准的内容一致。涉及国家食品安全标准的，应当符合国家食品安全标准。

第六十条　应当建立原辅料和包装材料供应商管理制度，规定供应商的选择、审核和评估程序。

第六十一条　采购原辅料和包装材料必须按有关规定索取供应商的资质证明文件和检验合格的证明文件。

第六十二条　菌丝体原料、益生菌类原料和藻类原料采购应当索取菌株或品种鉴定报告，稳定性报告和不含耐药因子的证明资料。

第六十三条　动物或动物组织器官原料，应当索取检疫证明。

使用经辐照的原料及其他特殊原料的，应当符合国家有关规定。

第六十四条　原辅料和包装材料购进后应当对其来源、品种、质量规格、包装情况进行查验，经检验合格后，方可入库，并填写入库账、卡。

第六十五条　物料和成品应当设立专库（专区）管理，物料和成品应当分区且离墙离地存放，应有明显的待验、合格和不合格状态标识。

不合格的物料和成品要隔离存放，并按有关规定及时处理。

第六十六条　对温度、湿度或其他条件有特殊要求的物料、中间产品和成品，应当按规定条件储存。固体和液体物料应当分开储存；挥发性物料应当避免污染其他物料。

第六十七条　物料应当按规定的保质期储存，无规定保质期的，企业需根据储存条件、稳定性等情况确定其储存期限。应当采用先进先出的原则，储存期内如有特殊情况应当及时复验。

第六十八条　标签、说明书的内容应当经企业质量管理部门校对无误后方可印制，其内容应当符合保健食品标签说明书的有关规定。

第六十九条　标签和说明书应当由专人保管，应当按品种、规格设专柜或专库分类存放。

第七十条　标签和说明书应当凭生产指令计数发放，印有批号的残损或剩余标签应当由专人负责计数销毁。标签发放、使用和销毁应当有记录。

第七十一条　物料和成品在运输和储存过程中应当避免太阳直射、雨淋，强烈的温度、湿度变化与撞击等；对有温度、湿度及其他特殊要求的物料和成品应当符合有关规定。

在运输过程中，应当避免物料和成品受到污染及损坏。不应与有毒、有害物品混装、混运。

第七十二条　每批产品均应当有销售记录。销售记录内容至少应当包括：品名、剂型、批号、规格、数量、购货单位和收货地址、发货日期。确保销售产品的可追溯性。销售记录应当保存至产品保质期后一年，且不得少于两年。

第七十三条　应当建立产品退货程序，并有记录。退货记录内容至少应当包括：品名、批号、规格、数量、退货单位及地址、退货原因、退货日期和处理意见。

第七十四条　应当建立产品安全性监测和召回制度，对存在安全隐患的产品确保按照国家有关规定迅速、有效地召回，并立即向当地食品药品监督管理部门报告。

第七十五条　对于存在安全隐患的产品应当采取无害化处理或销毁等措施，防止其再次流入市场。对因标签标识或者说明书不符合有关规定而被召回的保健食品，生产者在采取补救措施且能保证安全的情况下可以继续销售，销售时应当向消费者明示补救措施。

第七十六条 应当制定投诉处理制度和程序，有专人负责收集和处理客户投诉，做好投诉内容和调查处理情况记录。

第三节 功能食品的产品技术要求与检验规范

一、功能食品的产品技术要求

根据《食品安全法》及其实施条例对保健食品实行严格监管的要求，为进一步规范保健食品行政许可工作，提高保健食品质量安全控制水平，加强保健食品生产经营监督，保障消费者食用安全，国家食品药品监督管理总局于 2010 年 10 月 22 日颁布了《保健食品产品技术要求规范》，并于 2011 年 2 月 1 日起施行。

该《规范》规定保健食品产品技术要求文本格式应当包括产品名称、配方、生产工艺、感官要求、鉴别、理化指标、微生物指标、功效或标志性成分含量测定、保健功能、适宜人群、不适宜人群、食用量及食用方法、规格、储藏、保质期等序列（图 7-3），并按照保健食品产品技术要求编制指南编制。

国家食品药品监督管理局
保健食品产品技术要求（文本格式）

（产品技术要求编号）

中文名称
汉语拼音名

【配方】

【生产工艺】

【感官要求】

【鉴别】

【理化指标】

【微生物指标】

【功效或标志性成分含量测定】

【保健功能】

【适宜人群】

【不适宜人群】

【食用量及食用方法】

【规格】

【储藏】

【保质期】

图 7-3 保健食品产品技术要求（文字格式）

保健食品产品技术要求应当能够准确反映和控制产品的质量。保健食品产品技术要求的每项内容应符合以下要求，并按照保健食品产品申报资料的具体要求进行编制。

① 产品名称：包括中文名称和汉语拼音名。产品名称应当准确、清晰，能表明产品的真实属性，符合《保健食品注册管理办法（试行）》、《保健食品命名规定（试行）》等相关规定。

② 配方：应列出全部原辅料。原辅料名称应使用法定标准名称。用于保健食品的原料应当符合相关规定。各原料顺序按其在产品中的功效作用或用量大小排列；辅料按用量大小列于原料后。

③ 生产工艺：应用文字简要描述完整的生产工序。

④ 感官要求：分别对产品应有的外观（色泽、形态等）和内容物的色泽、形态、气味、滋味等依次进行描述，并用分号分开；如果用表提供信息更有利于项目的理解，则宜使用表。一般不对直接接触产品的包装材料的外观等进行描述。

⑤ 鉴别：根据产品配方及有关研究结果等可以确定产品的鉴别方法的，应予以全面、准确地阐述。

⑥ 理化指标。

⑦ 微生物指标：理化指标和微生物指标应阐述根据研究结果和法规要求确定的检测项目、限度及其检测方法或执行标准；如果用表提供信息更有利于检测项目的理解，则宜使用表。

⑧ 功效或标志性成分含量测定：包括功效成分测定或标志性成分测定。应阐述根据研究结果确定的测定成分、含量限度，描述检测条件、检测方法或执行标准。

⑨ 保健功能：保健功能在国家食品药品监督管理局公布范围内的，应当使用与公布功能相一致的描述。

⑩ 适宜人群。

⑪ 不适宜人群：适宜人群和不适宜人群的分类与表示应明确，符合国家食品药品监督管理局《保健功能及相对应的适宜人群、不适宜人群表》等相关要求。

⑫ 食用量及食用方法：食用量及食用方法的表述应规范、详细，描述顺序为食用量，食用方法。应标示每日食用次数和每次食用量。如不同的适宜人群需按不同食用量摄入时，食用量应按适宜人群分类标示。

⑬ 规格：应当根据食用方法和食用量合理确定，便于定量食用；应标注最小食用单元的净含量；单剂量包装的产品应规定每个包装单位的装量。

⑭ 储藏：应根据稳定性考察研究的结果阐述产品储存条件。

⑮ 保质期：应根据稳定性考察研究的结果阐述产品保质期，保质期的格式应

标注为：××个月，如〔保质期〕24 个月。

二、功能食品的检验规范

为进一步规范保健食品检验和评价工作，统一保健食品功能受理审批范围，卫生部于 2003 年 2 月 24 日下发了《卫生部关于印发〈保健食品检验与评价技术规范〉（2003 年版）的通知》，该通知规定《保健食品检验与评价技术规范》（2003 年版）（以下简称《规范》），自 2003 年 5 月 1 日起实施。该规定指出：①2003 年 5 月 1 日后送检的保健食品必须按《规范》进行检验和评价，并出具检验报告，其产品的技术审评也按《规范》进行；如按原检验与评价方法检验评价的，则不予受理和审评。②2003 年 5 月 1 日前送检的保健食品如按原检验与评价方法检验、评价并出具检验报告的，其产品的技术审评则按原检验与评价方法进行；如按现行的《规范》进行检验、评价并出具检验报告的，其产品的技术审评，也按现行的《规范》进行。③按原检验与评价方法出具检验报告产品的注册申请应在 2004 年 6 月 30 日前向国家食品药品监督管理总局提出。2004 年 7 月 1 日后不再受理以原检验与评价方法出具检验报告产品的注册申请。④产品的送检时间以检验机构出具的产品安全评价检验受理通知书中标注的受理日期为准。

1. 功能学评价与毒理学评价

该《规范》首先对 27 种不同生理功能的功能食品的试验项目、试验原则及结果判定进行了介绍，然后对这 27 种功能的具体检验方法进行了详细介绍。具体内容可参考该《规范》第一部分功能学评价程序和第二部分功能学评价检验方法。此外，该《规范》中还就保健食品安全性毒理学评价程序和检验方法规范进行了介绍。

2. 不同类型保健食品功效成分检测指标

该《规范》中列出了不同类型或原料的产品其指标检测项目，具体如表 7-1 所示。

表 7-1 不同类型产品、或下列原料为主的产品指标检测项目表

序号	产品类型	检测项目
1	固体	水分、灰分
2	口服液	可溶性固形物、pH
3	海产品	镉
4	鱼油类	酸价、过氧化值（降血脂类产品需检测胆固醇）
5	茶叶	有机氯农药残留（六六六、滴滴涕）
6	红曲	黄曲霉毒素 B_1、橘青霉素
7	中药材	汞、六六六、滴滴涕
8	苹果、山楂	展青霉素
9	片剂和胶囊	崩解时限
10	抗疲劳、减肥和改善生长发育的产品	违禁药物

保健食品应具有与产品配方和申报的保健功能相适应的功效成分或特征成分，申报时须检测配方中主要原料所含的功效成分或特征成分。表7-2所列原料为主的产品须检测表中规定的项目。

3. 不同功效成分的检测项目

保健食品应具有与产品配方和申报的保健功能相适应的功效成分或特征成分，申报时须检测配方中主要原料所含的功效成分或特征成分。表7-2中为所列原料为主的产品须检测表中规定的项目。

表7-2 功效成分和特征成分检测项目表

1	营养素补充剂	产品中标识的营养素（包括维生素和矿物质）
2	五加科参类	皂苷
3	蕈类（灵芝、蘑菇等）	膳食纤维
4	冬虫夏草菌丝体	腺苷
5	红景天类	红景天苷
6	芦荟类	芦荟苷
7	大蒜类	大蒜素
8	螺旋藻类	蛋白质、胡萝卜素、维生素 B_1、维生素 B_2
9	茶叶类	茶多酚
10	魔芋类	膳食纤维
11	纤维素类	膳食纤维
12	磷脂类	丙酮不溶物、乙醚不溶物（原料）
13	红曲类	洛伐他丁
14	植物油类	脂肪酸、维生素 E
15	动物油类	脂肪酸
16	初乳类	免疫球蛋白
17	鹿血类	蛋白质、氨基酸
18	蚂蚁类	锰、蛋白质
19	蚯蚓类	蚓激酶（溶纤酶）、蛋白质
20	蛇、蝎等	蛋白质、氨基酸
21	角鲨烯	角鲨烯
22	蜂皇浆	10-羟基癸烯酸
23	蜂花粉、蜂胶	总黄酮
24	甲壳质产品	脱乙酰度，产品如为复方应检测原料的脱乙酰度
25	蛋白质、氨基酸制品	蛋白质、氨基酸
26	褪黑素产品	褪黑素，产品原料（褪黑素）需提供原料纯度证明并检测

4. 功效成分的检验方法

该《规范》中列出了保健食品中23类功效成分的检测方法，这些功效成分主要有：①红景天苷；②大蒜素；③芦荟苷；④脱氢表雄甾酮（DHEA）；⑤吡啶甲酸铬；⑥盐酸硫胺、盐酸吡哆醇、烟酸、烟酰胺和咖啡因；⑦肌醇；⑧肉碱；⑨α-

亚麻酸、γ-亚麻酸；⑩免疫球蛋白（IgG）；⑪水溶性粗多糖；⑫人参皂苷；⑬原花青素；⑭核苷酸；⑮洛伐他丁；⑯中药功效成分；⑰银杏叶总黄酮；⑱异麦芽低聚糖、低聚果糖、大豆低聚糖；⑲金雀异黄素；⑳氨酸；㉑五味子醇甲、五味子甲素和乙素；㉒腺苷；㉓褪黑素。

此外，该《规范》中还列出了保健食品功效成分检验方法协作组提供的 6 种检验方法。它们分别是：①保健食品中人参总皂苷的测定；②保健食品中总黄酮的测定；③壳聚糖的游离氨基测定及脱乙酰度的计算；④蚓激酶活性的测定；⑤乙醚不溶物、丙酮不溶物的测定；⑥角鲨烯的测定。

第四节 功能食品的监督和管理

目前，我国保健食品行业在朝气蓬勃发展的同时，也衍生出了许多亟待解决的问题，因此加强对功能食品的监督和管理对保健食品产业的可持续发展有着重要意义。其中首要问题就是关于保健食品安全监管的法律法规不健全，导致无法可依或监管不力。

我国的食品安全监管仍显现出分段监管的弊病，质监部门主要依据《中华人民共和国产品质量法》，工商部门则依据《中华人民共和国商标法》和《中华人民共和国反不正当竞争法》。这些法律标准不一，涉及生产加工、经营和消费等多环节、多部门，执行时有异议，落实时难到位。2013 年两会以后机构改革将生产、流通环节的食品安全交给国家食品药品监督管理总局，但相应的法律法规仍未出台，导致处罚无依据。

加强对保健食品行业的监管，应从以下几个方面着手。对现行的保健食品管理法律进行整理、对相关法律法规进行修改。为加强保健食品全过程监管，切实维护消费者合法权益，促进保健食品产业健康稳定发展；根据新修订的《中华人民共和国食品安全法》，加强保健食品监管的立法，尽快出台《保健食品监督管理条例》（以下简称《条例》），以适应当前的市场状况，打击违法行为；相关监管部门要从群众利益出发，日常监管不松懈，发现违法行为不手软，查处案件不徇私，编制合法产品的安全网，设置违法行为的高压线。

2009 年 5 月 31 日，也就是正式实施《食品安全法》的前一天，为了进一步增强政府立法工作的透明度，提高行政法规草案质量，国务院法制办将《保健食品监督管理条例（送审稿）》向全社会公布征求意见，但至今该《条例》仍未正式公布和实施，这对保健食品行业的监管造成了一定程度的影响。下面对该《条例》（送审稿）中的部分内容进行简要介绍，以求对未来我国保健食品行业的监管形势进行展望。

1. 保健食品的监管职责

保健食品的生产经营者应当依照法律、法规和有关标准从事生产经营活动，对社会和公众负责，保证保健食品安全，接受社会监督，承担社会责任。国家食品药品监督管理总局主管保健食品监督管理工作。国务院有关部门在各自的职责范围内负责保健食品有关的监督管理工作。县级以上地方各级食品药品监督管理部门负责本行政区域内的保健食品监督管理工作。县级以上地方各级人民政府有关部门在各自的职责范围内负责与保健食品有关的监督管理工作。保健食品行业协会应当加强行业自律，引导企业依法生产经营，推动行业诚信建设，宣传、普及保健食品安全知识。任何组织或者个人有权举报保健食品生产经营中违反本条例的行为，有权向有关部门了解保健食品质量安全信息，对保健食品监督管理工作提出意见和建议。

2. 保健食品生产经营

开办保健食品生产企业，应当向所在地省、自治区、直辖市食品药品监督管理部门提出申请。拟新建保健食品生产企业，应当依法取得产品注册证，经检查符合《保健食品良好生产规范》要求，取得《保健食品生产许可证》，凭《保健食品生产许可证》到工商行政管理部门办理登记注册后，方可组织生产。《保健食品生产许可证》应当标明生产的保健食品品种。保健食品生产企业拟增加保健食品品种的，应当经《保健食品良好生产规范》检查合格后，在《保健食品生产许可证》上予以标明。

3. 保健食品的监督管理

县级以上地方食品药品监督管理部门负责本行政区域内保健食品生产经营企业的监督检查工作，应当建立实施监督检查的运行机制和管理制度，制定保健食品年度监督管理计划并按照年度计划组织开展工作。国家食品药品监督管理部门对上市后的保健食品组织实施安全性监测和评价，并及时通报国务院卫生行政部门。

保健食品安全性监测可以采取主动监测和安全性事件报告等方式。保健食品生产经营企业和医疗卫生机构发现可能与食用保健食品有关的安全性事件时，应当按照《食品安全法》有关食品安全事故处置的规定报告。食品药品监督管理部门根据保健食品安全性监测与评价结果，可以采取责令召回，暂停生产、销售等措施，并予以公布。

此外，该《条例》（送审稿）还对保健食品产品注册管理和违法生产经营行为的法律责任进行了规定。

参 考 文 献

[1] John S，Chi-Tang H，Fereidoon Shahidi. Asian Founctional Foods [M]. Boca Raton：CRC Press，2005.

[2] GB 16740—1997. 保健（功能）食品通用标准 [S].

[3] 范青生主编. 保健食品工艺学 [M]. 北京：中国医药科技出版社，2006.

[4] 姬德衡，钱方，牟光庆. 生物技术在保健食品开发中的应用综述 [J]. 大连轻工业学院学报，2004，，23（3）：186-189.

[5] 金迪，梁英，孙工兵，等. 植物多糖提取技术的研究进展 [J]. 黑龙江八一农垦大学学报，2011，23（5）：76-79.

[6] 雷欣，曾凡坤，康建平，等. 乳酸菌的生理功能及其食用制剂制备技术进展 [J]. 食品与发酵工业，2012，48（2）：5-8，22.

[7] 李书，陈辉等. 保健食品加工工艺与配方 [M]. 北京：科学技术文献出版社，2001.

[8] 吕锡斌，何腊平，张汝娇，等. 双歧杆菌生理功能研究进展 [J]. 食品工业科技，2013，34（16）：353-358.

[9] 刘景圣，孟宪军主编. 功能性食品 [M]. 北京：中国农业出版社，2005.

[10] 王玥玮. 我国保健食品发展现状及问题分析 [J]. 食品研究与开发，2012，33（7）：209-210，225.

[11] 温辉梁主编. 保健食品加工技术与配方 [M]. 南昌：江西科学技术出版社，2002.

[12] 席文娣. 我国功能食品生产存在的问题及研发方向 [J]. 甘肃科技，2008，24（5）：57-59.

[13] 闫媛媛，张康逸，黄健花，等. 磷脂分离纯化和检测方法的研究进展 [J]. 中国油脂，2012，37（5）：61-65.

[14] 赵秀玲. 功能食品和功能性食品配料发展新动向 [J]. 中国调味品，2009，34（9）：35-39.

[15] 郑健仙主编. 功能性食品学 [M]. 北京：中国轻工业出版社，2007.

[16] 郑舜扬主编. 保健食品生产实用技术 [M]. 北京：中国轻工业出版社，2001.

[17] 周贺霞，马良张，宇昊. 食品中降血压肽的研究现状及应用 [J]. 食品与发酵工业，2012，48（1）：11-15.